Der Katzen-Guide für Wien

diestadtspionin

Der Katzen-Guide für Wien

Von Ines Hofbaur

Wundergarten Verlag

Ein Leben ohne Katze ist möglich, aber sinnlos!

Suzy Stöckl

Mit ihrem unwiderstehlichen Wesen haben die Samtpfoten nicht nur als Click-Heroes das Internet erobert, sondern auch unsere schöne Hauptstadt: In Wien leben rund 250.000 Katzen! Trotzdem wurde ich immer wieder gefragt, wie ich so viele Buch-Seiten mit Katzentipps füllen wolle. Kein Problem, kann ich Euch sagen – es gibt nichts, was es für Katzen und ihre zahlreichen Fans in Wien nicht gibt. Lasst Euch überraschen!

Alle pfotenverlesenen Tipps im „Katzen-Guide für Wien" wurden von Mensch und Miez auf Herz und Nieren getestet. Aus hunderten TierärztInnen haben wir die katzenfreundlichsten ausgewählt, die Zubehör-Läden sind alle empfehlenswert und die Katzen-Sitter verlässlich. Außerdem findet Ihr in einem eigenen Kapitel die besten Soulness-Adressen von der Katzenpsychologin bis zur Tier-Kommunikatorin. Besonders praktisch sind auch die wichtigsten Notfallnummern am Ende des Buches.

Die Recherche für den Katzen-Guide war für eine katzennarrische Autorin wie mich natürlich ein Hochgenuss. Mit Begeisterung war auch Salonlöwe Lenny dabei: Er schnabulierte zu Test-Zwecken ausgefallene Leckerlis und wurde mit High-Tech-Federangeln bespaßt. Nur einen Test-Besuch im Katzen-Salon habe ich ihm dann doch erspart ;-)

Viel Freude bei der Lektüre und ein herzliches Miau wünscht

Ines Hofbaur

Mag. Ines Hofbaur ist Autorin und Mitarbeiterin von www.diestadtspionin.at

Kapitel 1

Alles für die Katz!

Kapitel 2

Tierärzte und Kliniken

Kapitel 3

Katzen-Wellness

Pfotenfotografie Harald Kreuzer

Kapitel 1

Alles für die Katz!

Einkaufen für Samtpfoten

Kratzbaum, Futter & Co: Für das Leben mit Katze benötigt man ein paar Zutaten. Hier findet Ihr die besten Katzen-Shops, Tier-Supermärkte und Futter-Lieferanten – in Wien und im Web.

Paulis

Die schönsten Bettchen der Stadt

Gymnasiumstraße 64
1190 Wien
Tel. 0699 100 45 955
Mo – Fr 10.00 – 18.00
www.paulis-hunde
ausstatter.at

Zugegeben, die tierische Hausherrin dieses absolut entzückenden Ladens ist eine Hündin. Aber die hauseigene Kollektion, zu der Border Collie-Dame Pauli ihr Frauerl Sylvia Leinwather inspiriert hat, ist auch für Katzen ein Hit! Die hübschen Bettchen aus Baumwollstoffen sind alle handgenäht, viele davon in Karomustern. Und die Futternäpfe in zarten Farben gibt's passend dazu. Außerdem Katzen-Snacks, handgefertigte Halsbänder und süße Stoffbeutel, in die Namen eingestickt werden können – schöner kann man Leckerlis nicht aufbewahren. Und das alles inmitten von britischem Landhaus-Stil. Einfach bezaubernd!

Haustierhelden

Lässiger Lifestyle für Fellnasen

Die coolsten Designer-Haustiersachen gibt's eindeutig in Liesing! Für ihren Laden trägt Tierexpertin Petra Österreicher jede Menge ausgefallenes Zubehör von internationalen Firmen zusammen. Etwa die „Cat Mat" – eine schicke Türmatte für Katzen, super als Pfotenabtreter und Schmutzschleuse! Oder originelle Schlafplätze vom kuscheligen Lumperpet-Iglu bis zum Mekong-Wasserhyazinthen-Möbel für majestätische Miezen. Auch nett: die recycelbaren Scratch Lounges zum bequemen Kratzen. Dazu trendige Geschenkideen wie die „Cat Clock" *(siehe Bild rechts)* und beste Beratung. Alles auch online erhältlich!

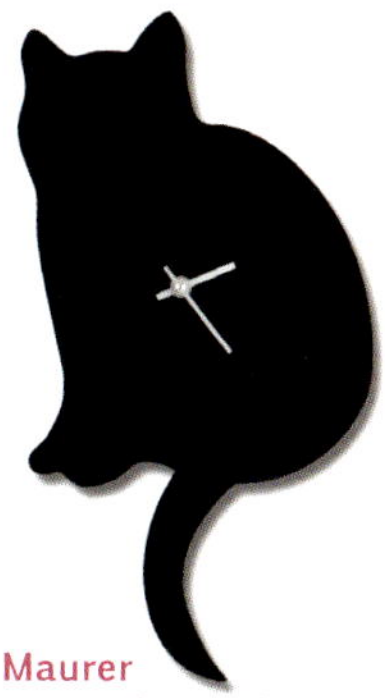

Maurer
Lange Gasse 64
1230 Wien
Tel. 0699 177 753 77
Mo – Fr 10.00 – 13.00
und 15.00 –18.00
Sa 10.00 – 13.00
www.haustierhelden.com

Kusters Unique Pet Design

Möbel-Manufaktur für Glückskatzen

Sechshauserstraße 37
1150 Wien
Tel. 0699 113 032 56
www.kusters.at

Katzenmöbel, handgeschnitzt! Alle Stücke aus Tischler Oliver Kusters Tier-Manufaktur sind in liebevoller Handarbeit gefertigt, das Holz dazu wird in Niederösterreich selbst geschlägert. Geben tut's für Salonlöwen alles vom Kletterpark bis zum Aussichtsplatzerl, der Phantasie sind dabei keine Grenzen gesetzt. Maßangefertigte Hängebrücken wie in Indiana Jones, von der Decke baumelnde Plattformen, Kratzbretter oder ein Baumhaus für die Zimmerecke – und originelle Kratzbäume im Fliegenpilz- oder Piratenschiff-Design. Bei der Produktentwicklung ist Testkater Vincent maßgeblich beteiligt. Merkt man!

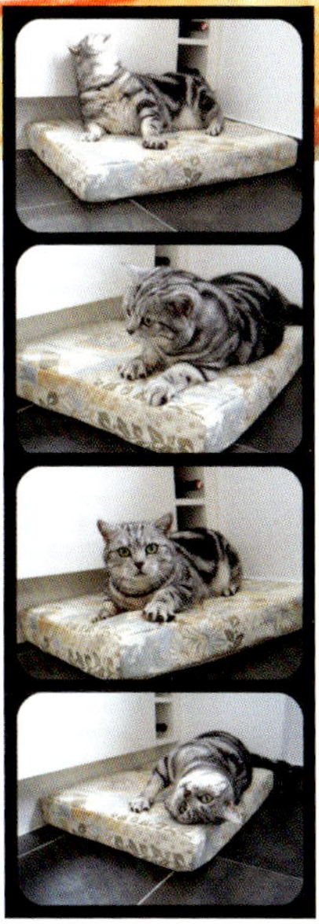

Mucon

HiTech-Matratzen für müde Miezen

Ein Schlafplatzerl, noch bequemer als Frauerls Bett oder Schoß: Die südburgenländische Firma Mucon fertigt super bequeme Spezial-Matratzen an. Dahinter steckt eine NASA-Technologie: Der atmungsaktive Viscoschaum passt sich temperaturbedingt genau an den Körper an. Das tut nicht nur Astronauten im Weltall gut, sondern auch arthrosegeplagten Alt-Katzen! Die Liegeplätze werden je nach Gewicht und Größe der Mieze maßangefertigt, der Überzug ist abziehbar und waschbar. Für besonders sensible Sofa-Prinzessinnen wird sogar ein „Pfotentest" angeboten: 14 Tage gratis Probeschlafen! Bestellbar nur online.

Tel. (03362) 202 95
www.mucon.at

Katz & Hund

Kunterbunter Katzenkram von Kitsch bis Kult

Lange Gasse 11
1080 Wien
Tel. 0660 157 44 04
Mo – Fr 10.00 – 13.00
und 14.00 – 18.00
Sa 10.00 – 14.00
www.katzundhund.net

Ein richtig netter Laden, wenn man etwas Besonderes für seine Mieze sucht! Unser Favorit: die kuscheligen Wollfilz-Kokons in vielen hübschen Farben, die als Höhle, aber auch als Bett verwendet werden können. Auch in der Spielzeug-Ecke findet man Lustiges wie den „Cat Dancer“, ein raffiniertes Fangspiel für verspielte Stubentiger. Sogar eine Mini-Kosmetikabteilung gibt's – mit Haaröl für eitle Langhaarmiezen oder Anti-Pipi-Spray für markierungsgeplagte menschliche Katzen-Mamis. Und alles, was Katzen sonst noch so brauchen: Kisterl, Futter, Transportboxen und Halsbänder – auch mit Tupfenmascherl!

Zoo Sauer

Solide und super freundlich

Egal, was man braucht, der Zoo Sauer hat's! Österreichs ältestes Zoofachgeschäft (seit 1880 in Familienbesitz!) ist einer jener Läden, in denen sich die Ware bis unter die Decke stapelt und in unzähligen Kisten verstaut ist. Hauptsache, es ist auch wirklich alles lagernd, wonach ein Kunde fragen könnte. Katzen-BesitzerInnen finden hier eine gut sortierte Auswahl an Kisterln, Transportboxen, Halsbändern, Spielzeug, Katzenratgebern – und ein eigenes Futter-Kammerl. Ausnahmslos alle Mitarbeiter kennen sich mit Tieren gut aus und beraten reizend bei Fragen zu Tierhaltung oder Zubehör-Auswahl. Super!

Nussdorfer Straße 32
1090 Wien
Tel. (01) 317 52 79
Mo – Fr 9.00 – 18.00
Sa 9.00 – 12.00 Uhr
www.zoo-sauer.at

Dogstyler

Lounge-Betten für Luxus-Geschöpfe

Früher hauste hier mal der „Bunte Hund", dann wurde der Laden zu Dogstyler – und der ist tatsächlich sehr stylish. Das Sortiment ist zwar Wuffi-orientiert, aber in den kleinen Hunde-Betten schlafen auch Katzen garantiert selig. Wie im Möbelhaus kann aus mehreren Bezügen gewählt werden, es gibt sogar überdachte „Roof-Lounges" mit Schallschutzfunktion für besonders ruhebedürftige Tiere.

Neustiftgasse 42
1070 Wien
Tel. 0720 303 99 930
Mo – Fr 10.00 – 19.00
Sa 10.00 – 17.00
www.dogstyler.at

Heimtier-Treff

Familiär und freundlich

Ein super Tier-Nahversorger für die Döblinger: Das Sortiment hat Familie Knötig mit viel Tierliebe und Fachwissen zusammengestellt – vom Naturholz-Kratzbaum bis zur Schüssel, die breit genug ist, dass die empfindlichen Schnurrhaare beim Fressen nicht anstoßen. Für Feinspitze und Ernährungsbewusste gibt's eine feine Futter-Auswahl – auch kleine, tiefgefrorene Frischfleisch-Pakete.

Weinberggasse 24, 1190 Wien
Tel. 0680 120 84 38
Mo – Fr 8.00 – 18.00, Mittwoch Ruhetag
Sa 8.00 – 12.00
www.heimtier-treff.at

Dieroff Naturwaren

Schnüre, Sisal und Spielvergnügen

Na, hier hätten Katzen ihren Spaß! So viele Schnüre zum Abwickeln, Sisal zum Krallenschärfen und Flechtwerk zum Durchpföteln – ein richtiger Cat-Funpark! Der Dieroff ist auch für Zweibeiner eine wahre Fundgrube an Werkstoffen, egal ob man Katzenspielzeug selber basteln, einen Rattan-Korb reparieren oder den Kratzbaum neu mit Naturfaserseilen umwickeln will. Und die Beratung ist top!

Westbahnstraße 46, 1070 Wien
Tel. (01) 523 75 58
Di – Fr 9.00 – 12.00 und 14.00 – 18.00
Sa 9.00 – 13.00
www.dieroff.eu

Back to the Roots

Kratzbäume, wie die Natur sie schuf

Mit oder ohne Rinde, klein oder groß, krumm oder gerade – jeder Naturkratzbaum von Jürgen Lenz ist einem echten Baum nachempfunden und absolut einzigartig. Im Webshop kann man sich auch Kratzbäume nach eigenen Wünschen zusammenstellen, etwa mit Extras wie hübschen, aus Bananenblatt geflochtenen Liegemulden. Lenz liefert seine Unikat-Bäume österreichweit aus, aber auch Selbstabholung in Muckendorf nahe Klosterneuburg ist möglich.

Bahnstraße 2, 3426 Muckendorf
Tel. (0664) 397 41 42
www.backtotheroots.at

Zoo & Co

Tierisch gute Auswahl

Unter den Franchise-Filialen der deutschen Kette ist der Zoo & Co-Markt in Klosterneuburg sicher eine der modernsten. Betrieben wird sie von Haustier-Profi und Zoo Sauer-Inhaber Andreas Popper. Dementsprechend hochwertig ist auch das Sortiment in der eigenen Katzen-Abteilung, besonders beim Futter. Für Fleischtiger sind auch Rohfleisch, Innereien und BARF-Supplements erhältlich.

Inkustraße 1-7, 3400 Klosterneuburg
Tel. (02243) 230 04
Mo – Fr 9.00 – 19.00, Sa 9.00 – 17.00
zooundco-klosterneuburg.at

heimweh

Kuscheliges fürs Wohnen mit Katze

Eigentlich ist das ein hinreißender Shop für Zweibeiner, der Laden von Sonja Ladstätter-Fussenegger ist randvoll mit Lieblings-Stücken rund ums Wohnen. Mit Textilien aus einer Vorarlberger Manufaktur, heimischem Handwerk und Accessoires aus aller Welt. Aber auch für's Wohnen mit Katze gibt's hier nette Dinge: herzige Näpfe und flauschige Katzendecken in stylishen Designs. Sehr dekorativ!

Wiedner Hauptstraße 81, 1050 Wien
Tel. (01) 544 01 61
Mo – Fr 10.00 – 19.00, Sa 10.00 – 15.00
www.heimwehwien.at

48er Tandler

Gebraucht, gut und günstig

Die 48er sind echt kreativ, das sieht man schon an ihren witzigen Werbesprüchen à la „Saturday Night Feger". Toll ist auch der riesige Vintage-Markt des Magistrats für Abfallwirtschaft: Da wird verkauft, was super in Schuss auf Mistplätzen abgegeben wurde. Darunter auch Katzen-Transportboxen, Designer-Tragetaschen und Kisterln zu echt günstigen Preisen. Der Erlös geht ans TierQuarTier.

Siebenbrunnenfeldgasse 3, 1050 Wien
(Mist-)Tel. (01) 546 48
Mi – Sa 10.00 – 18.00
www.48ertandler.wien.gv.at

Pet Store

Für Glitzer-Fans

Nicht ganz so nobel, wie man es von der Adresse ums Eck vom Marriott erwarten würde, aber ein bisschen Glamour findet sich doch. Etwa Halsbänder mit Swarovski-Steinen, glitzernde Edel-Näpfe und aus verschiedenen Modulen zusammenstellbare Pussycat-Kratzbäume.

Parkring 12a
1010 Wien
Tel. (01) 512 91 99
Mo – Fr 10.00 – 18.00
Sa 10.00 – 13.00
www.pet-store.at

Hunter

Shoppen mit Stil

Hunter-Stores gibt's weltweit von Tokio bis Oslo, seit 2016 auch in Wien. Zwar macht Hunter eher Jagd auf kauffreudige Hundefans, aber für Miezen können dort fesche Halsbänder, Näpfe und Spielzeug geshoppt werden. Und Happy Cat-Futter sowie BARF-Pakete.

Praterstraße 26/8
1020 Wien
Tel. (01) 212 28 93
Mo – Fr 10.00 – 19.00
Sa 10.00 – 18.00
www.hunter-store.at

Gaby's Zoo

Katzengitter für alle Fälle

Mini-Laden mit Mega-Service! Wer Balkon oder Fenster katzensicher vergittern will, ist hier richtig. Bei einem Hausbesuch wird die günstigste Lösung besprochen, bei der Lieferung alles montiert. Im Geschäft gibt's auch eine kleine Auswahl an Tier-Zubehör.

Taborstraße 53
1020 Wien
Tel. (01) 218 21 65
Mo – Fr 9.00 – 12.00
und 14.00 – 17.30
www.gabyszoo.at

Shop4Cats

Katzenglück per Mausklick

Wenn eine Katzen-Flüsterin einen Online-Shop eröffnet, kann der natürlich was! Katzencoach Petra Ott hat sich von den Wünschen ihrer KundInnen und Vorlieben ihrer eigenen Kuschelkater inspirieren lassen und nur das ausgewählt, was Katzen glücklich macht. Etwa praktische Kratzbretter und kuschelige Fensterliegen für's Revier oder lange Federangeln und lustige LED-Light-Catcher zum Spielen. Und zum Futtern gibt's nur ausgewählte, zuckerfreie Marken von Applaws bis Miamor. Besonders nett sind auch die fertig gepackten Themen-Boxen wie „Kitten Luxus" oder „Seelenzauber-Wohlfühl" mit Bachblüten!

www.shop4cats.at

ONLINE

Petwalk

Hightech-Katzentüren

Viel zu schön, um sie in der Kellertür zu verstecken: Petwalk-Tiertüren gibt es in vielen edlen Dekors, passend zu jedem Stil. Und technisch spielen sie alle Stücke: einbruchshemmend, luftdicht und auf Wunsch nur vom eigenen Tier per Mikrochip zu öffnen.

www.petwalk.at

Katzenbalkone

Kleine Freiheit für Wohnungskatzen

Großartige Idee! Die Katzenbalkone dieses deutschen Herstellers können so an Fenster mit Standardmaßen montiert werden, dass dadurch eine Mini-Aussichtsplattform für Miezen entsteht. Und schon wird das Leben von Wohnungskatzen einen Tick spannender.

www.katzenbalkone.de

Bauer Katzensicherungen

Profi-Schutz vor Fensterstürzen

Gewusst, dass Katzensicherungen an Fenstern und Balkonen gesetzlich vorgeschrieben sind? Da darf sich auch keine Hausverwaltung querlegen. Bei professioneller Montage wie jener der Meidlinger Firma Bauer werden auch weder Fenster noch Mauern beschädigt.

Tel. (0800) 210 019 (gebührenfrei)
www.katzengitter.org

Kräuterdecken für Katzen

Dufter Kuschelplatz mit Relax-Faktor

Bei der Wahl ihrer Schlafplätze lassen sich Katzen ja nicht wirklich was dreinreden. Aber sie spüren, was ihnen gut tut – wie diese Decke: Die Biokräuter-Füllung entspannt und beruhigt, sorgt für gute Durchblutung und schützt angeblich sogar vor Flöhen.

www.heidisbest.at

Designer-Katzenkarton

Zum Reinhüpfen!

Warum eigentlich haben Katzen diesen Schachtel-Spring-Tick? Die schickste Erfindung zu diesem Thema kommt natürlich aus dem Designer-Land Italien: leicht zusammensetzbare Kartons in unterschiedlichen Ausführungen, die Miezen und ihren Menschen gefallen.

www.unitedpets.it

Katzenklingel

Alternative zur Katzenklappe

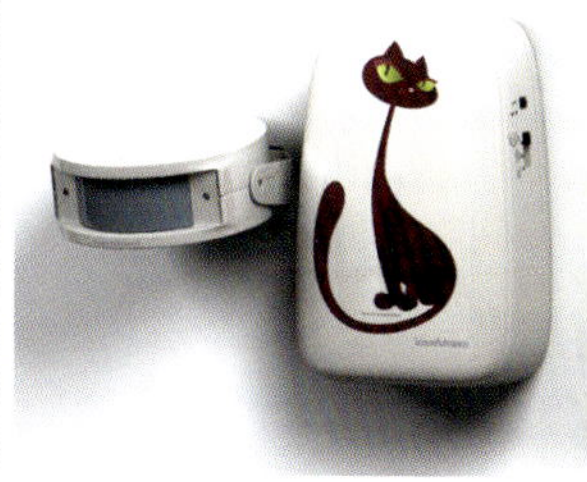

Damit sich Madame oder Monsieur Miez vor der Tür nicht heiser miauen: Es gibt Katzenklingeln! Diese sind infrarotgesteuert und melden mit stillem Blinken oder verschiedenen Klingeltönen von „Ding-Dong“ bis „Miau“, wenn die Katze hinein will. Genial!

www.radbag.at

Cat's Taste

Was Katzen wirklich wollen

Hier kann nur georderet werden, was von den Stubentigern der Shop-Inhaber getestet wurde. Etwa feines „Wildes Land"-Feuchtfutter, knusprige Hühner-Chips oder handgefertigte Strickbälle zum Spielen. Praktisch: Selbstabholung im 2. Bezirk möglich.

www.cats-taste.at

ZooRoyal

Große Auswahl beim Groß-Konzern

Aus 60 Futter-Marken kann man im Online-Katzenshop der REWE Group wählen. Auch Trinkbrunnen, Bettchen und anderer Katzenbedarf können bequem vom Sofa aus bestellt werden. Immer wieder tolle Schnäppchen und Restposten! Versandkostenfrei ab 39 Euro.

www.zooroyal.at

Zooteufel

Für SchnäppchenjägerInnen

Günstig und große Auswahl: Beim Zoo-Diskonter in Gars am Kamp kann von Futter bis Zubchör um wenig Geld alles geordert werden, was man rund um Katzen so braucht. Etwa wirklich gute Kratzbäume oder nette Näpfe. Gratisversand ab einem Bestellwert von 29 Euro.

Tel. 0664 849 10 58
www.zooteufel.at

Kitty's CUISINE
cooked with love
So schmeckt Liebe
Begeistern Sie Ihre vierbeinigen Leckermäuler jetzt mit Kitty's Cuisine!
· 100 % hochwertige Zutaten
· Getreidefreie Rezeptur
· Reich an Fleisch für mehr Genuss
cooked with 100% love cooked with
Kitty's CUISINE
cooked with love
ADULT
HUHNliebe
Mit zartem Hühnerkeulenfleisch, Karotte, Kokos und Süßfenchel
With Tender Chicken Leg Meat, Carrots, Coconut & Sweet Fennel
À base de viande de cuisses de Poulet tendre, Carottes, Noix de coco & Fenouil doux
Kitty's CUISINE
With Delicious Turkey Meat, Pears, Coconut & Sweet Fennel
Serviervorschlag
Exklusiv bei
FRESSNAPF

Frauli kocht

Frischfleisch mit Abo-Service

www.fraulikocht.at

Selber kochen für die Katze? Gesund, aber nicht ganz unaufwendig. Die Lösung kommt von „Frauli" Sonja Ehart: Als Tiersalon-Besitzerin war sie immer wieder mit Allergien oder Futterunverträglichkeiten konfrontiert und überzeugte die Besitzer oft davon, für ihre Lieblinge frisch zu kochen. Etwas, womit sie selbst längst begonnen hatte. So entstand ihre eigene Futtermarke „Frauli kocht" – frisch, mit reinem Muskelfleisch, geputztem Gemüse und ausgewählten Zutaten, gekühlt 90 Tage haltbar. Erhältlich ist das feine Frisch-Futter in einigen Tierläden und im Online-Shop, auf Wunsch auch per Abo.

Fleischeslust

Kulinarisches Freudenhaus

Für verwöhnte Fleischtiger! Wer kein Fan von Supermarkt-Futter ist, kann im „Freudenhaus für Hund & Katz“ nahe der Lugner City die Fleischeslust seiner Fellnasen stillen. Schmackhafte Nassfuttermenüs für Katzen gibt's dort etwa von „Pussy Deluxe“ in sechs streichwurstähnlich verpackten Sorten – alle gluten- und getreidefrei. BARFer finden in der Tiefkühltruhe fertige Rohfleisch-Pakete, dazu wird am besten das Ergänzungsfuttermittel „Felini Complete“ eingepackt. Naschkatzen freuen sich über knusprige Katzen-Kekse. Und bei der Menü-Zusammenstellung beraten die reizenden Verkäuferinnen!

Gablenzgasse 17
1150 Wien
Tel. (01) 876 94 04-0
Mo – Fr 9.00 – 12.00
und 14.00 – 18.30
(Mi Ruhetag)
Sa 10.00 – 13-00
www.fleischeslust-tiernahrung.com

Mr. & Mrs. Cat

Von Knabberzeug bis Knobelspiel

Ob CatzFineFood-Nassfutter mit Geflügel und Garnele oder Snacks wie Escapure Lachs Hupferl – der Online-Shop Mr. & Mrs. Cat bietet eine feine Auswahl hochwertiger Katzennahrung und Leckerlis. Die kann man übrigens auch in einem „Katzen-Sudoku“ aus Holz verstecken, das auch hier bestellt werden kann. Online-Bestellung oder Selbstabholung in der Neubaugasse. Fein!

Neubaugasse 38/1/3
1070 Wien
Tel. (01) 890 31 68
Abholung nach tel. Vereinbarung
www.mrandmrscat.at

Hundekeks.at

Auch für Katzen mit Liebe gebacken

Süß schauen sie aus, diese Torten! Dabei sind die Kunstwerke das gar nicht, denn sie bestehen hauptsächlich aus Fleisch. Katzen lieben übrigens die saftige Variante mit frischer Leber. Bestellen kann man die Torten mit Beschriftung nach Wahl sowie Kekse online. Auch lecker für Naschkatzen: fleischige Minis wie „Gublgubl" mit Pute oder „Quaak" mit Ente. Wer fängt da noch Mäuse?

Tel. 0660 365 42 12
www.hundekeks.at

Phillys

Kekse für Naschkatzen

Die Mieze spitzt auf Frauchens Käse oder die Fische im Aquarium? Hier gibt's eine verträglichere Alternative: Phillys bäckt gesunde Katzenkekse mit viel frischem Fleisch, glutenfrei und je nach Sorte auch mit Fisch oder Käse. Ebenfalls sehr beliebt: Huhn mit Katzenminze. Bestellt werden können die Leckerlis im Online-Shop, es gibt sie aber auch in einigen Tier-Läden und Apotheken.

Tel. (0699) 815 025 43
www.phillys.at

Aras

Testsieger frei Haus

Der Sieger des *Konsument*-Katzenfutter-Tests vom August 2016! Überzeugt hat unter anderem die gute ernährungsphysiologische Zusammenstellung. Aras liefert sein Nass- und Trockenfutter persönlich und kostenlos, Beratung inklusive. Gratis-Proben für Neukunden!

www.aras.at

Tanjas Pfoten-paradies

Persönlich und hochwertig

Den Betreibern des Onlineshops ist hochwertiges Futter besonders wichtig, das sie von rund 30 Herstellern anbieten. Für BARFer gibt's auch spezielle Fertigmischungen für Katzen. Geliefert wird prompt – in Wien auch persönlich und am Wochenende!

www.tanjas-pfoten paradies.at

Anifit

Lustige Dosen, leckerer Inhalt

Ob „Powertöpfchen" oder „Puterichs Delight" – das Futter in witzig designten Dosen scheint vielen Miezen gut zu schmecken. Auch die Qualität passt (Gesamtnote „Gut", Konsument 08/2016), geliefert wird nach Hause. Neu-Katzen dürfen gratis testfressen!

www.anifit.at

Fressnapf

Kette mit Katzen-Knowhow

Eine Riesen-Auswahl an Futter und Zubehör – und Top-Beratung: In den über zwanzig Fressnapf-Filialen in Wien gibt es weit mehr als Fressnäpfe mit katzenfreundlichem Design. Samtpfoten-Newbies erhalten zudem eine hilfreiche Erstausstatter-Checkliste. Für den kätzischen Erfahrungsschatz der Mitarbeiter sorgt übrigens Katzen-Expertin Sabine Schroll, die an der Fressnapf-Akademie MitarbeiterInnen zu Katzen-ExpertInnen ausbildet. Diese beraten die Kunden bei Bedarf zu wichtigen Katzen-Themen von Ernährung bis Zusammenleben. Auch nett: der Fressnapf Pfotenclub mit vielen Vorteilen für Mitglieder!

Über 20 Filialen in Wien, praktischer Filialfinder im Web www.fressnapf.at

Das Futterhaus

Rabatte für Vielfresser

Alles, was Mensch und Katz für's glückliche Zusammenleben brauchen: Im Futterhaus können sich Katzen-BesitzerInnen mit einer guten Auswahl an Diät- und Premiumfutter für ihre Lieblinge eindecken, erhalten aber auch Zubehör wie nette Kratzbäume und Pflegeartikel. Der kostenlose „Starterpass" unterstützt mit praktischen Tipps und speziellen Rabatten beim Erstausstattungs-Einkauf. Und mit der „Futterkarte" des Futterhauses bekommt man 2 % Rabatt auf jeden Einkauf, oft auch zusätzlich Sonder-Rabatte auf ausgewählte Produkte – nicht nur auf Fressbares, sondern auch auf Zubehör.

Filialen in 1110, 1210, 1220 Wien
www.dasfutterhaus.at

Megazoo

Riesig shoppen in Wien-Nord

Der Megazoo-Markt im Norden Wiens heißt nicht nur so, sondern ist mit seinen zwei Etagen und vielen Abteilungen tatsächlich ziemlich riesig. Miezen-BesitzerInnen finden im Erdgeschoss eine große Auswahl an Zubehör – vor allem Kratzbäume gibt es hier richtig viele. Eine nicht ganz so große Filiale findet sich übrigens in der SCS, in beiden Megazoos sind auch Tierplus-Tierarztpraxen untergebracht.

Filialen in 1220 Wien und Vösendorf
www.megazoo.at

Cats & Pets

Für Katzen günstig hamstern

Gut für Großeinkäufe und Gewohnheits-Tiere! In den Cats & Pets-Filialen kann man für den Artikel, den man am häufigsten kauft, einen Pet-Pass lösen. Mit dem erhält man nach dem zehnten Einkauf den ausgewählten Artikel gratis. Royal Canin-KäuferInnen können sich außerdem mit dem Butler-Service das Schleppen ersparen: Großpackungen werden ohne Aufpreis nach Hause geliefert!

Filialen in 1020, 1140, 1110 und 1230 Wien
www.cats-pets.at

INTERVIEW

So füttern Sie richtig

Tierliebe geht durch den Magen! Dr. Stefanie Handl weiß, was Katzen schmeckt – und was ihnen wirklich gut tut. Sie ist Fachtierärztin für Ernährung und Diätetik und bietet in ihrer Futterambulanz Ernährungs- und Diätberatung an.

Das Angebot an Katzenfutter in Supermärkten, Tierläden und nicht zuletzt im Internet ist riesig und unüberschaubar. Wie wähle ich Futter aus, das meiner Katze richtig gut tut?
Dr. Handl: Gutes Futter enthält alle wichtigen Nährstoffe. Wenn man ein Fertigfutter füttert, sollte unbedingt „Alleinfutter" draufstehen. Mit dieser Kennzeichnung muss es nach den gesetzlichen Vorgaben alle wichtigen Nährstoffe enthalten. Supermarktfutter ist in der Regel sogar zuverlässiger als irgendwelche Trendmarken. Auf jeden Fall sollte die Katze das Futter mögen und vertragen, sie muss eine regelmäßige Verdauung haben sowie schönes Fell. Am besten probieren und beobachten.

Kann es sein, dass bestimmte Futtermarken wegen darin enthaltener Zusätze „süchtig" machen?

Dr. Stefanie Handl
Strohgasse 12/15
1030 Wien
Tel. (01) 955 44 12
www.futter
ambulanz.at

Nein! In Katzenfutter darf nichts Schädliches drinnen sein, dafür sorgt die Gesetzgebung. Es darf etwa nur Fleisch verwendet werden, das auch für den menschlichen Verzehr geeignet ist, alle Zusatzstoffe müssen zugelassen und überprüft sein. Auch günstige Produkte sind somit sicher nicht schädlich.

Wie ist es mit Zucker im Futter? Sollte man darauf achten, zuckerfreies Futter zu füttern?
Katzen können süß nicht schmecken! Es ist ihnen also egal, ob Zucker enthalten ist. In Form von Karamell färbt Zucker allerdings das Futter braun und das gefällt uns Menschen. Gekochtes Fleisch ist nämlich eher grau und für Menschen unansehnlich. Die geringe Menge Zucker in manchen Futtern ist sicher nicht gesundheitsschädlich.

Und wie wichtig ist ein „hoher Fleischanteil" oder die Angabe „frei von Konservierungsstoffen und Zusatzstoffen"?
Das sind derzeit beliebte Werbeaussagen. In deklariertem Alleinfutter muss der Fleischanteil ohnehin hoch genug sein, um den Bedarf an Eiweiß zu decken. Konservierungsstoffe sind in Dosenfutter nicht nötig, da das Futter

>Vieles was zu BARF, der Biologisch Artgerechten Rohfütterung, verbreitet wird, ist haarsträubender Unsinn! Das kann zu Mangelernährung führen.<

ja gekocht wird. Ernährungsphysiologische Zusatzstoffe wie Vitamine oder Spurenelemente müssen unbedingt zugefügt werden, damit eine Katze alle Nährstoffe erhält.

Was ist gesünder: Feucht- oder Trockenfutter? Kann man Katzen auch nur Trockenfutter anbieten?
Ich würde dazu raten, dass man mischt. Es gibt Katzen, die mit Trockenfutter gut zurechtkommen. Aber es kann dazu führen, dass sie zu wenig Flüssigkeit aufnehmen, wenn sie zusätzlich nicht ausreichend trinken. Und Trockenfutter kann leichter zu Übergewicht führen, denn es ist sehr konzentriert. Wenn die Katze davon frisst, bis ihr Magen voll ist, nimmt sie vielleicht zu viele Kalorien zu sich.

Tierärzte haben eine Zunahme an Magen- und Hauterkrankungen festgestellt, seit es so viel unterschiedliches Futter gibt. Wie viel Abwechslung am Speiseplan ist notwendig?
Man kann ruhig immer bei der gleichen Marke bleiben. Gesundheitlich ist das für Katzen sogar besser, da sich ihr Magen/Darm-Trakt darauf einstellt. Unterschiedliche Geschmacksrichtungen innerhalb einer Sorte unterscheiden sich übrigens auch nicht wirklich gravierend.

Machen unterschiedliche Futterarten für alte/junge/langhaarige/kurznasige Katzen Sinn?
Im Wachstum natürlich unbedingt. Eine junge Katze braucht andere Nährstoffe als eine Seniorkatze, eine Wohnungskatze braucht weniger Kalorien als eine Freigängerin. Futter für spezielle Rassen nehmen auf typische Unterschiede Rücksicht. Kurznasige Katzen wie Perser nehmen das Futter etwa anders ins Maul als langnasige, weswegen etwa bei Trockenfutter eine unterschiedliche Brikett-Form Sinn macht.

Was halten Sie von BARF, der Biologisch Artgerechten Rohfütterung?
Ein großer Trend und nicht unbedingt gut! Fleisch ist natürlich die hochwertigste Zutat für eine Katze. Aber wenn man das Futter selber zusammenstellt und zubereitet, sollte man unbedingt eine Ernährungsberatung in Anspruch nehmen und sich wirklich gut informieren. Vieles, was zum Thema BARF verbreitet wird, ist haarsträubender Unsinn! Das kann auf Dauer zu Mangelernährung führen.

Wenn man einer Katze Frischfleisch füttert: Kann man es ihr auch roh geben?
Aus hygienischer Sicht ist es vor allem für den Menschen ein Risiko, mit rohem Fleisch zu hantieren. Ich empfehle, das Fleisch zu kochen oder kurz anzubraten. Das ist für die Katze genauso gesund.

Ist das Kauen von Frischfleisch-Stücken wichtig für die Zahngesundheit?

Wenn ein Tier größere Stücke kaut, werden die Zähne mehr beansprucht, das ist schon richtig. Doch viel sinnvoller und wirkungsvoller ist es, Katzen mit der Bürste die Zähne zu putzen. Das muss man ihnen halt von klein auf beibringen. Gut ist auch Zahnpflegefutter zum Herumkauen wie etwa Sticks.

Wie ist das mit Milch? Dürfen Katzen Kuhmilch trinken oder nur spezielle Katzen-Milch?
Grundsätzlich brauchen Katzen Wasser. Milch kann als Leckerli gesehen werden, statt Katzenmilch kann auch verdünnte Kuhmilch gegeben werden. Milch ist aber recht kalorienreich und sollte deswegen nicht in größeren Mengen unverdünnt gereicht werden. Wenn eine Katze zu wenig trinkt, kann man einen Schluck Milch ins Wasser geben – für den Geschmack, damit sie vielleicht mehr trinkt.

Sollte man Katzengras anbieten?
Ja. Es gibt zwar Katzen, die das überhaupt nicht interessiert, aber für manche ist es auch einfach Beschäftigung. Und Wohnungskatzen hält es davon ab, Zimmerpflanzen anzuknabbern, die vielleicht schädlich für sie sind.

Wie oft soll gefüttert werden?
Dem natürlichen Verhalten würden mehrere kleine Portionen entsprechen. Katzen bräuchten ja 10 bis 12 Mäuse pro Tag und würden immer ein kleines Tier jagen, es fressen und danach ruhen. Meistens wird bei uns zweimal am Tag gefüttert, weil es so am einfachsten ist. Das ist okay. Futter zur freien Verfügung stehen zu lassen, kann zu Überfressen führen. Eine Möglichkeit sind Futterautomaten, wo mehrmals täglich eine kleine Portion rauskommt.

Wie stellt man denn fest, wie viel Futter die eigene Katze braucht?
Man nimmt sie und stellt sie auf die Waage! Die Angaben, die Futterhersteller auf der Verpackung machen, gelten meist für aktive, nicht kastrierte Tiere, die einen großen Energiebedarf haben. In der Praxis kann es also sein, dass eine Katze nur die Hälfte davon braucht. Wie viel für die eigene Katze gut ist, muss man beobachten – sie soll nicht zu dünn und nicht zu dick sein. Von oben und von der Seite sollte eine schöne Taille zu sehen sein, der Bauch sollte nicht runterhängen. Dass die Katze kastriert ist, ist da keine Ausrede!

Tanja Hofer Fotografie

Kapitel 2

Tierärzte und Kliniken

Hilfe bei Katzenjammer

Katze krank? Glücklicherweise gibt es in Wien knapp 300 Tierärzte und eine Vielzahl an Notfall-Kliniken. Hier ist die Auswahl der katzenfreundlichsten Schulmediziner, Alternativärzte und Tierkliniken.

Katzenpraxis Dr. Garzik & Dr. Hoyer

Wiens modernste High-End-Praxis

Hier gilt: „Cats only"! Die erste reine Katzenpraxis Österreichs ist zugleich eine der technisch bestausgestatteten Tierarztpraxen des ganzen Landes. Ende 2015 eröffnet, findet sich hier vom hochmodernen Ultraschall über einen OP bis zum Labor alles – sogar ein Zahnarztstuhl für Miezen. Von der ganzen Technik bekommt man allerdings wenig mit – die beiden hochsympathischen Tierärztinnen (mit Spezial-Ausbildung in "Feline Medicine") wollen, dass sich Katzen hier schnell entspannen und keine Angst haben. So wird jede Samtpfote bei der Ankunft samt Korb gleich mal in eine pheromon-beduftete Kuscheldecke gepackt. Da machen Arztbesuche plötzlich Spaß!

Speisingerstraße 206
1130 Wien
Tel. (01) 996 21 18
www.katzenpraxis.at

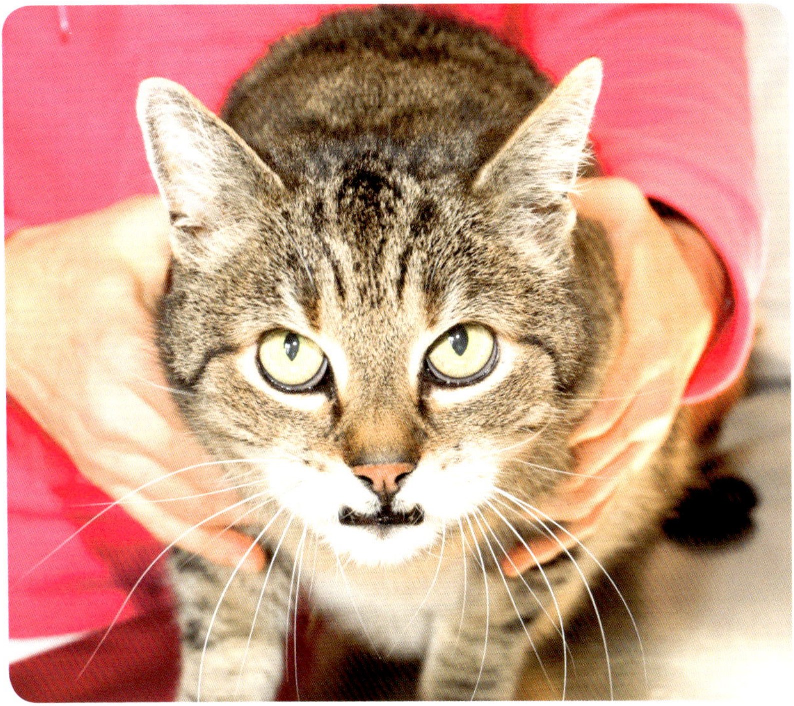

tierLEBEN

Ganzheitlich & ernährungsbewusst

Tierärztin Martina König ist Expertin für Tierernährung, ihr Kollege Gerald Zechner Spezialist für Akupunktur und Osteopathie – er lebt selbst mit vier Katzen. In der gemeinsamen Praxis werden nicht nur alle gängigen schulmedizinischen Methoden angeboten, sondern auch viel Wert auf Ernährungsberatung und alternative Behandlungsmethoden gelegt. Ihr Credo: Jedes Tier trägt die Kraft zur Gesundheit in sich, Akupunktur und Osteopathie regen die Selbstheilungskräfte zusätzlich an. Ordiniert wird übrigens täglich, auch am Wochenende! Bei Bedarf werden Katzen auch zu Hause behandelt.

Türkenstraße 21
1090 Wien
Tel. (01) 925 25 78
tierleben.wien

Dr. Maria Scheller & Dr. Martin Steingassner

Naturheilverfahren und TCM

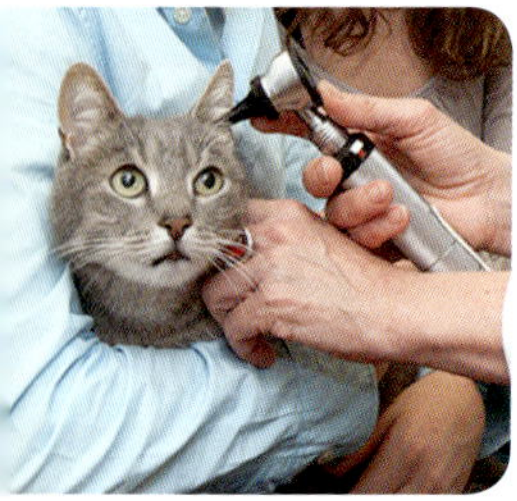

Linzer Straße 131
1140 Wien
Tel. (01) 789 56 89
www.scheller.at
www.steingassner.com

Eigentlich ist Martin Steingassner schon in Pension gegangen. Ein Glück, dass es ihm zu langweilig wurde. Der niederösterreichische Tierarzt gilt als einer der erfahrensten Tier-TCM-Mediziner des Landes und ist unglaublich „g'spürig"! Er kommt regelmäßig nach Wien und hält in der Tierpraxis von Maria Scheller Sprechstunden ab. Für „normale" Anliegen ist Dr. Steingassner dabei nicht mehr zuständig, sein Interesse gilt schwierigen Fällen. Er ist ein guter Ansprechpartner, wenn die Schulmedizin mit ihrer Weisheit am Ende ist – so löste er beispielsweise die unkurierbaren Verdauungsprobleme der Redaktionskatze bei einer einzigen Konsultation.

Tierarztpraxis im Schwarzspanierhof

Ordination mit grauer Eminenz

Der betagte Ordinations-Kater James ist die beste Referenz für diese Praxis. Tierärztin Usha Patel und ihr Team vermitteln nämlich auch verwaiste Tiere – und James war einmal ein Streuner. Katzen werden hier nach meist kurzer Wartezeit kompetent und freundlich behandelt. Um unliebsamen Begegnungen mit Hunden auszuweichen, gibt es im Schwarzspanierhof übrigens getrennte Eingänge. Usha Patel berät auch gern zu Themen wie Unsauberkeit oder Möbelkratzen und gibt Tipps zu katzengerechter Wohnungsausstattung. Zusatzbonus der etwas versteckt im Medizinergrätzl gelegenen Praxis: gratis Parkmöglichkeit!

Schwarzspanierstraße 15/7/5
1090 Wien
Tel. (01) 406 81 79
Notfall-Tel:
0699 104 819 06
schwarzspanierhof.at

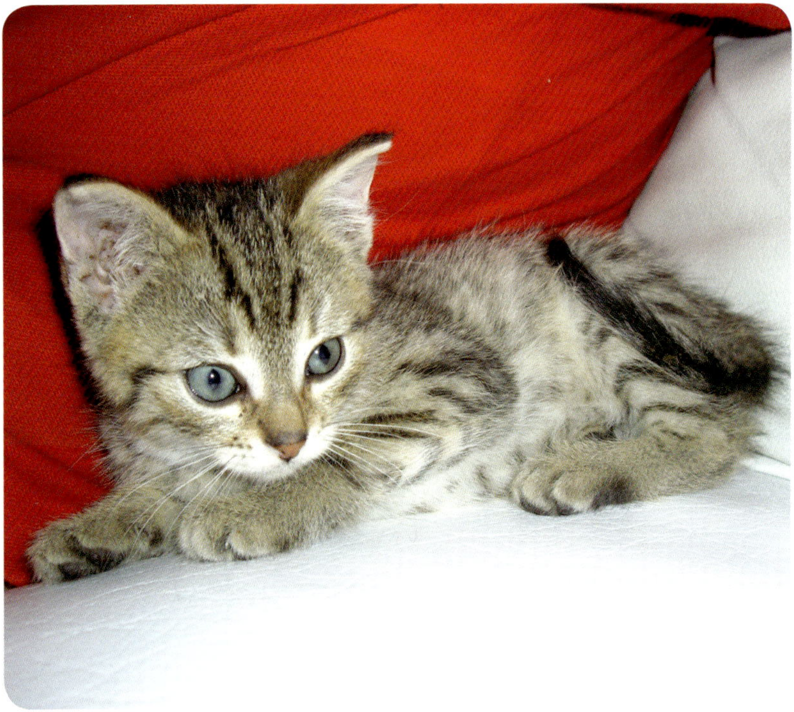

Tierarztpraxis Hirschstetten

Einfühlsame Katzenretterin

Tierärztin Henriette Jelinek hat ein großes Herz für Katzen! Deswegen werden in ihrer Praxis auch hauptsächlich Stubentiger behandelt – und das mit viel Gespür. Bei der Diagnostik merkt man Dr. Jelineks große Erfahrung mit den Samtpfoten, in ihrer Praxis führt sie als Krebs-Expertin auch Tumor-Operationen und Chemotherapien durch. Als Katzenretterin gilt sie aber auch, weil sie regelmäßig Notfellchen von niederösterreichischen Bauernhöfen vor einem grausamen Schicksal rettet und über ihre Webseite weitervermittelt. Außerdem kümmert sie sich sehr engagiert um die Kastration von Streunern.

Berresgasse 4/3/2
1220 Wien
Tel. (01) 280 10 90
Notfall:
0664 208 03 64
www.tierarztpraxis-hirschstetten.at

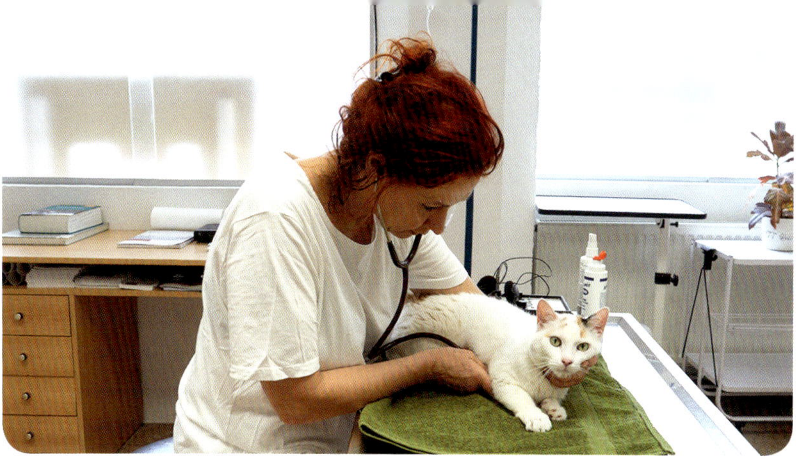

Erste Wiener Katzenambulanz

Auskunftsfreudige Katzen-Expertin

Auch wenn die Praxis trotz des Namens keine reine Katzenambulanz ist, weiß Ingrid Harant genau, was Katzen wollen. Die Katzenkennerin hat selbst zwei Stubentiger und jede Menge Tipps zu Haltung und Pflege parat. Behandelt wird schulmedizinisch, aber auch mit „sanften" Heilmethoden wie Homöopathie. *(Im Interview auf Seite 56 spricht die Katzen-Expertin über Katzen-Irrtümer und Wahrheiten.)*

Margaretenstraße 55
1050 Wien
Tel. (01) 585 40 99
www.katzenambulanz.at

Tierambulatorium am Bacherplatz

Nomen est Omen

Offensichtlich ist Tierärztin Judith Katzensteiner schon mit ihrem Namen der passende Beruf in die Wiege gelegt worden. Sie ist mit Katzen aufgewachsen und praktiziert mittlerweile seit über 20 Jahren. Umfassende Vorsorgemedizin und alternative Heilmethoden von Bachblüten bis Neuraltherapie sind der aufgeweckten und sensitiven Tierliebhaberin dabei ein wichtiges Anliegen.

Arbeitergasse 4/4, 1050 Wien
Tel. (01) 545 49 76
www.vetcat.at

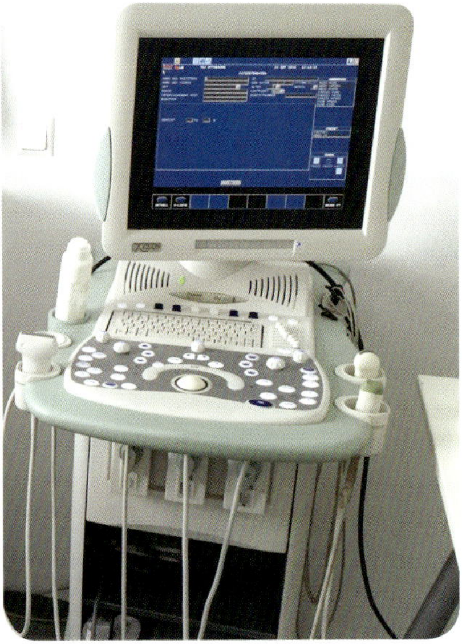

tma ottakring

Ambulanz mit Ärzte-Quintett

Ein Ärzte-Radl, das rund um die Uhr erreichbar ist: Die Ottakringer Kleintierambulanz besteht aus einem sehr engagierten und freundlichen Team von fünf Tierärzten. Jeder von ihnen hat einen Schwerpunkt wie Dermatologie, Kardiologie oder Chirurgie. Angeboten werden auch Allergie-Screenings, Zahnbehandlungen sowie eine Spezialform der klassischen Homöopathie: stärkende Eigenblut-Nosoden.

Heigerleinstraße 38/46, 1160 Wien
Tel. (01) 489 79 79 (0-24 Uhr)
www.tma.at

Tierarztpraxis Kaiserstraße

Homöopathie und Humor

Freundlich und mit einer sympathischen Portion Humor werden die tierischen Patienten vom Tierarzt-Ehepaar Elfriede und Gerold Koppensteiner behandelt. Frau Dr. Koppensteiner ist zudem eine erfahrene Homöopathin und sehr treffsicher in der Wahl der richtigen Globuli. Gut beraten wird auch zum Thema Ernährung, bei Bedarf wird für Fellnasen ein ausgewogener Fütterungsplan erstellt.

Kaiserstraße 33, 1070 Wien
Tel. (01) 944 5 944. Notfall: 06991 944 5 944
www.tierarztpraxis-kaiserstrasse.at

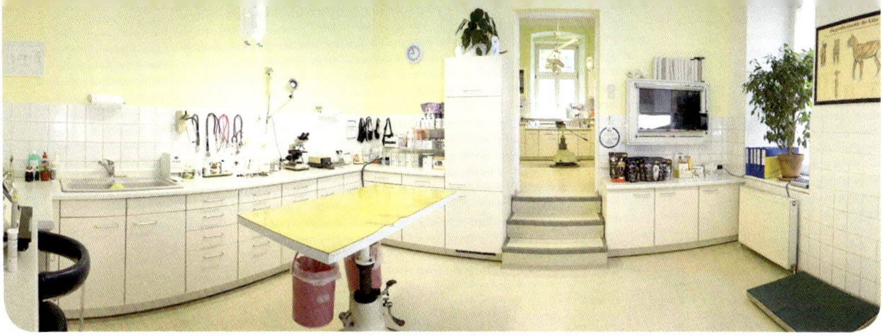

Tierarztpraxis Alsergrund

Bei Seelen- und Körperschmerz

Karin Kubasa ist eine erfahrene Schulmedizinerin, hat aber auch ein besonders gutes Händchen für Bachblüten. Mit den Blüten-Essenzen wird sanft auf das seelische Wohlbefinden sensibler Salonlöwen eingewirkt und so auch die körperliche Heilung unterstützt. Außerdem behandelt die Ärztin mit Neuraltherapie, Chiropraktik und Repuls Tiefenstrahler. In Notfällen immer am Handy erreichbar!

Wilhelm-Exner-gasse 11
1090 Wien
Tel. (01) 317 02 58
Notfall:
0676 700 96 77
tierarztpraxis-alsergrund.stadtausstellung.at

Dr. Nora Marx-Dawid

Entspannt für Mensch und Katz

Eine Tierärztin, die nicht nur mit verängstigten Fellnasen, sondern auch mit deren besorgten BesitzerInnen sehr einfühlsam umgeht! Im Behandlungsraum ist stets alles für die jeweilige Katze vorbereitet, was den Besuch kürzer und stressfreier macht. Auch auf eventuell unangenehme Begegnungen mit anderen Tieren im Wartezimmer wird Rücksicht genommen. Sehr relaxed und täglich geöffnet!

Sandwirtgasse 18, 1060 Wien
Tel. (01) 934 66 66
www.tierarzt-marx.at

Tierarztpraxis am Elterleinplatz

Anlaufstelle für Alt-Miezen

Für die SeniorInnen unter den Katzen! Das Tierärztinnen-Duo Julia Zedinger und Theresa Kuen hat sich neben dem normalen Praxisbetrieb auf die Behandlung betagter Tiere spezialisiert. So ist das geriatrische Blutprofil auf medizinisch wichtige Daten wie Schilddrüsen- oder Nierenwerte abgestimmt. Gut kennen sich die Ärztinnen auch mit orthopädischen Problemen und Schmerzlinderung aus.

Kalvarienberggase 42, 1170 Wien
Tel. (01) 402 62 48
elterleinvets.at

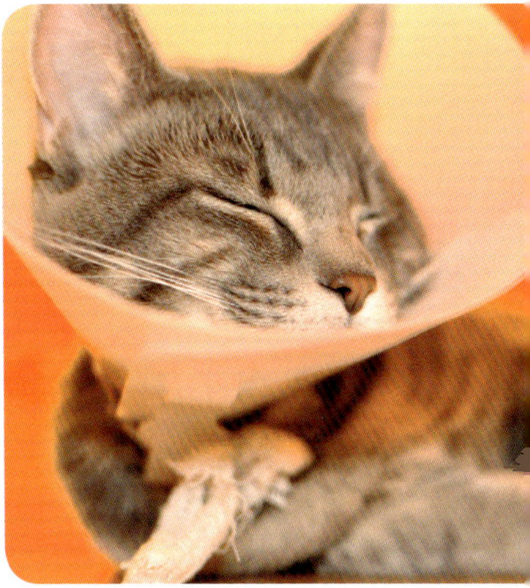

CityVet Gersthof

Freundliche Vorstadtordination

Die Tierärztin der Autorin! Kater Lenny lässt sich tatsächlich gern zu seiner Ärztin in der kleinen, sympathischen Vorstadt-Praxis mitten in seinem Revier tragen. Dort wird er stets liebevoll behandelt, gebührend bewundert – und mit Leckerlis versorgt. Nach einem Mini-Eingriff erkundigte sich Tierärztin Sanja Saam sogar am Folgetag telefonisch nach ihrem Patienten. Sehr aufmerksam!

Eckpergasse 31, 1180 Wien
Tel. (01) 470 49 58
www.cityvet.at

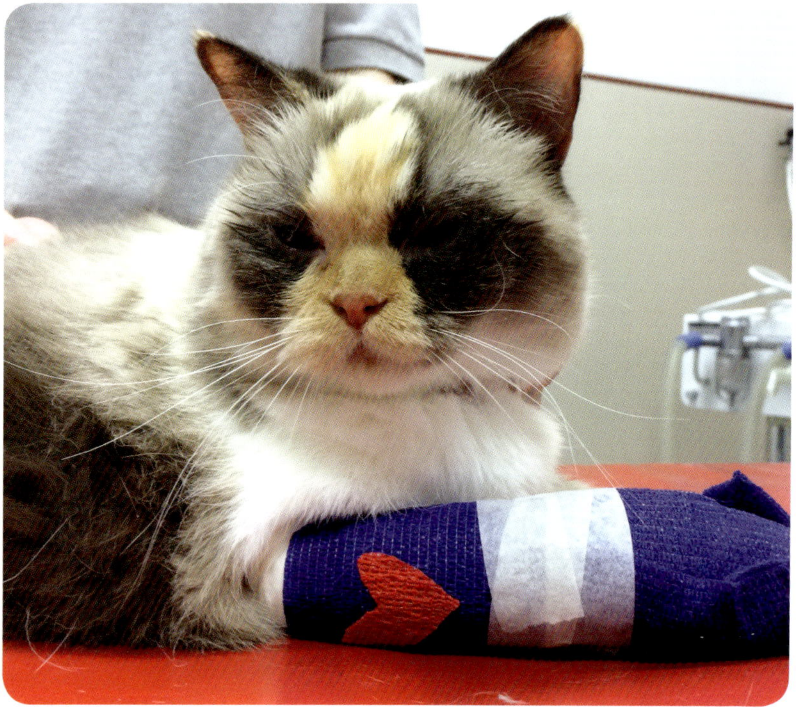

Kleintierklinik Breitensee

Rund um die Uhr einsatzbereit

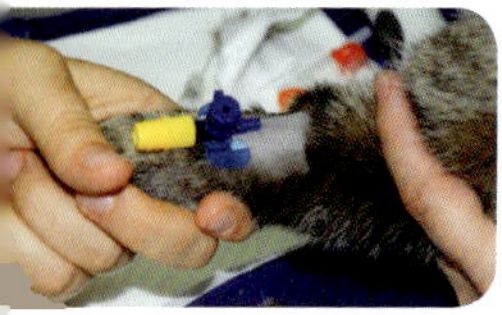

Breitenseer Str. 16
1140 Wien
Tel. (01) 982 61 96
Notfall:
(01) 982 53 81
(0.00-24.00 Uhr)
www.kleintierklinik-breitensee.at

Erste Adresse im Notfall: Die Kleintierklinik Breitensee ist als Unfall- und Notfallklinik rund um die Uhr für alle Eventualitäten gerüstet, ordiniert wird in mehreren Ambulanzen parallel. Vielen TierärztInnen dient Breitensee als Überweisungsklinik für schwierige Fälle oder wenn eine stationäre Behandlung nötig ist. Es werden aber auch Routineuntersuchungen und Impfungen durchgeführt. Zudem finden vor Ort regelmäßig spannende Infoabende und Erste-Hilfe Kurse für Miezen-Besitzer statt. Wichtiger Tipp: Um der Katze unnötige und oft teure Untersuchungen zu ersparen, alle bisherigen Befunde mitnehmen!

Tierspital der VetMed

Immer am neuesten Stand

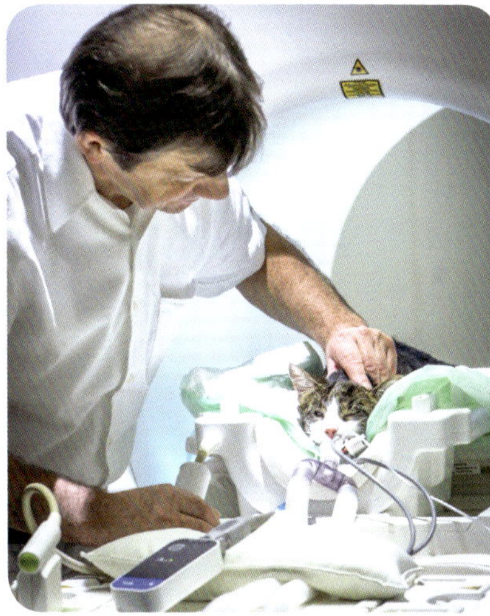

Primär versteht sich das Tierspital als universitäre Überweisungsklinik für Tierärzte und Tierkliniken. Dennoch kann jeder Tierbesitzer die Spitals-Leistungen in Anspruch nehmen. Besonders zu empfehlen sind die vielen Spezialambulanzen von Dermatologie bis Neurologie für wissenschaftlich und klinisch anspruchsvolle Fälle. Notfälle werden rund um die Uhr aufgenommen, sonst bitte anmelden!

Veterinärplatz 1, 1210 Wien
Tel. (01) 250 77 5555 (0.00-24.00 Uhr)
www.vetmeduni.ac.at/tierspital

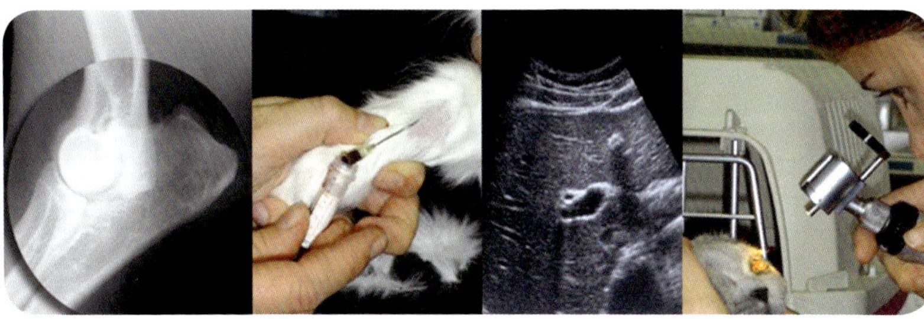

Tierklinik Aspern

Krankenhaus mit Komplementärmedizin

Mit ganzheitlichen Methoden von Tier-Kinesiologie bis zu Schüssler Salzen wird im Tierheilzentrum des Asperner Tierspitals die Schulmedizin ergänzt. Klinik-Chef Dr. Markus Kasper betreibt zudem eine Schmerzambulanz, wo vor allem chronische Leiden gelindert werden. Für Notfälle stehen alle klinischen Einrichtungen wie Labor, Röntgen oder Chirurgie rund um die Uhr zur Verfügung.

Aspernstraße 130
1220 Wien
Tel. (01) 280 10 20 (0.00-24.00 Uhr)
www.tierklinik-aspern.at

Pfoten Tierklinik

Prüfung auf Herz und Nieren

Kardiologie ist eines der Spezialgebiete der Klinik von Tierarzt Andreas Kroesen und seinem Team. Auch bei Nieren- und Schilddrüsenproblemen sind Katzen hier in besten Händen. Außerdem „Rundum Gesund"-Vorsorgeservice, bei Bedarf mit Zahn- und Fellpflege.

Erlaaerstraße 51
1230 Wien
Tel. (01) 235 23 23
(Notdienst 0.00-24.00 Uhr)
www.pfotentierklinik.at

Tierklinik Rodaun

Freundlich und chirurgisch sanft

Im Spital des sympathischen Ex-TV-Tierarztes Thomas Czedik-Eysenberg werden kleine wie große Tiger gut betreut – auch im Zoo war der Katzen-Kenner schon im Einsatz. Spezialgebiet: sanfte Chirurgie mit Laparoskopie, auch eine gute Kardiologin gehört zum Team.

Ketzergasse 396
1230 Wien
Tel. (01) 889 02 22
(Notdienst 0.00-24.00 Uhr)
www.tierklinik.rodaun.com

Tierklinik Korneuburg

Spital mit TCM-Spezialist

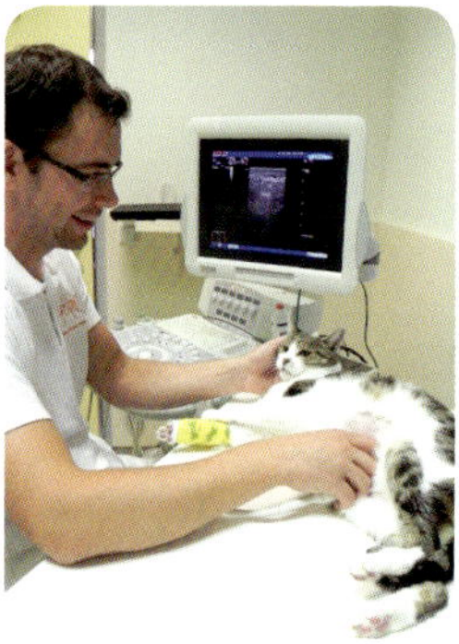

Die Korneuburger Klinik hat vor allem für ihre Orthopädie einen guten Ruf. Nicht zuletzt, weil Dr. Karl Grohmann auch sehr erfahren mit TCM-Methoden und Neuraltherapie behandelt. Auch Onkologie und Dermatologie gehören zu den Spezialgebieten des Spitals.

Laaerstraße 62
2100 Korneuburg
Tel. (02262) 755 20
(Notdienst 0.00-24.00 Uhr)
www.tierklinik-korneuburg.at

Tierklinik Wien-Süd

Katzenservice bei Katzenliebhaberin

Klinik-Chefin Silvia Weis liebt Katzen, und deswegen gibt's in ihrem Spital im Süden Wiens auch spezielle Termine für Miezenbesitzer – ohne Wartezeit und in einem eigenen Ambulanzraum. Für Notfälle ist immer eine/r der TierärztInnen im Team erreichbar.

Wolfholzgasse 6-10
2345 Brunn am Gebirge
Tel. (02236) 331 33
(Notdienst 0.00-24.00 Uhr)
www.tkws.at

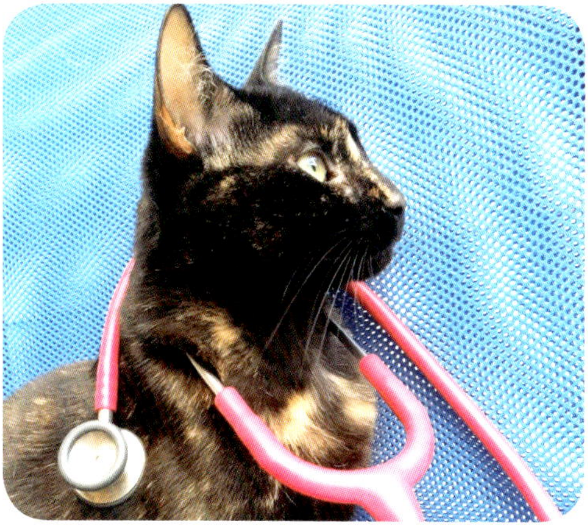

Tiernot-ambulanz Vösendorf

Für nächtliche Notfälle

Wie der menschliche Zahnweh-Effekt: Häufig passieren Notfälle genau dann, wenn der Haustierarzt nicht erreichbar ist. Für diese Fälle ist die Nottierambulanz täglich nachts von 20 bis 8 Uhr geöffnet. Die Nachbehandlung übernimmt dann der eigene Tierarzt.

Laxenburger Straße 183
2331 Vösendorf
Tel. 0676 966 78 90
www.tiernotambulanz.com

Tiernotarzt

Hausbesuch im Notfall

Wenn schnell ein Tierarzt ins Haus muss: Das Team rund um Tiernotarzt Georg Gschwandner ist rund um die Uhr erreichbar und meist innerhalb von 30 Minuten zur Stelle. Dann wird das Tier vor Ort erstversorgt oder zur Not auch von seinem Leid erlöst.

Tel. 0699 1000 0565
(Notdienst 0.00-24.00 Uhr)
www.tierarztwien.at

Dichtung & Wahrheit

Welche Katzen-Mythen stimmen – und welche nicht ...

Katzen haben sieben Leben?
Mag. Harant: Nein, auch Katzen sterben durch viele Ursachen schnell! Aber es stimmt, dass Katzen recht widerstandsfähig sind. Vor allem aber leiden sie still. Viele Beschwerden wie orthopädische Probleme im Alter oder Zahnweh bekommt man lange nicht mit.

Katzen landen im Fallen immer auf den Pfoten?
Grundsätzlich stimmt das schon, dass Katzen sich im Fall drehen. Aber natürlich hängt es davon ab, von wie hoch sie hinunterfallen. Und auch davon, wie geschickt sie sind! Ich hatte auch schon tolpatschige Patienten, die sich in der Wohnung ein Bein gebrochen haben. Und andere Katzen schaffen es, mit einem Satz hoch oben auf der schmalen Türkante zu landen.

Katzen wissen, welche Pflanzen giftig für sie sind?
Leider nein! Ich hab auch schon einmal eine Freigänger-Katze erlebt, die Tollkirschen gefressen hat. Allerdings tendieren Katzen instinktiv dazu, grasähnliche Pflanzen zu fressen, kommen also meistens gar nicht auf die Idee, einen giftigen Oleander statt einen Grashalm anzuknabbern. Und den Wohnungskatzen sollte man sowieso unbedingt Katzengras hinstellen.

Katzen haben einen besonders empfindlichen Magen?
Katzen vertragen vieles nicht, was wir Menschen zu uns nehmen. Zwiebeln sind Gift für sie, können sogar zu Blutbildungsstörungen führen. Auch Schokolade, Avocado oder Weintrauben sind für Katzen schädlich.

Katzen kratzen an Möbeln, um ihre Krallen zu schärfen?
Nicht nur! Vielmehr haben sie auch Duftdrüsen an den Pfoten, mit denen sie beim Kratzen ihr Revier markieren. Durch das „Zerkratzen" wird aber auch ein optisches Signal gesetzt.

Katzen werden im Frühjahr und im Herbst rollig?
Nein, weil Katzen gar keinen regelmäßigen Zyklus haben. Es lässt sich nicht vorhersehen, wann und wie oft sie rollig werden, auch wenn sie wetterbedingt im Frühling öfter rollig werden.

Kastrierte Katzen sind fauler und dicker?
Nur wenn man sie falsch füttert! Es stimmt schon, dass der Grundumsatz der Katzen sinkt und ihr Appetit steigt, aber wenn man das beim Füttern berücksichtigt, nehmen die Tiere auch nicht zu.

Mag. Ingrid Harant
Margaretenstraße 55
1050 Wien
Tel. (01) 585 40 99
www.katzenambulanz.at

Tierärztin Ingrid Harant klopft 15 Katzen-Mythen auf ihren Wahrheitsgehalt ab. Sie betreibt die Erste Wiener Katzenambulanz (siehe Seite 47) und lebt unter den samtpfotigen Pantoffeln von Hauskatze Knobbl und Thai-Kater Emilio.

Katzen sollen einmal Junge bekommen vor der Kastration?
Nein! Bei Wohnungskatzen kann es allerdings sinnvoll sein, sie einmal rollig werden zu lassen, damit sie diese Art des Verhaltens kennen lernen und quasi in ihr Repertoire aufnehmen. Bei Freigängerinnen bloß nicht – kaum rollig, sind sie auch schon gedeckt!

Sieben Menschenjahre entsprechen einem Katzenjahr?
Vielleicht als sehr grobe Formel. Bei Katzen ist es je nach Rasse oder Haltung sehr unterschiedlich, wie schnell sie altern. Da kann es sein, dass eine 10jährige noch so agil ist wie eine 3jährige und dann auch entsprechend alt wird. Auch wann Katzen ausgewachsen sind, hängt von der Rasse ab.

Katzen sehen im Stockdunklen so gut wie im Hellen?
Nein, wenn es völlig finster ist, sehen auch Katzen nichts. Aber in der Dämmerung sehen Katzen viel besser als wir, weil ihre Augen wie Restlichtverstärker funktionieren.

Wohnungskatzen müssen nicht geimpft werden?
Je nachdem, ob sie wirklich nie andere Katzen treffen! Meist genügt aber eine Impfung gegen Katzenseuche und Katzenschnupfen.

Katzen halten bei der Behandlung beim Tierarzt still, weil sie spüren, dass ihnen geholfen wird?
Eher, weil sie in dem Fall uns Menschen als große Katze ansehen. Als „Katzen-Mami", die auch sonst um ihr Wohlergehen bemüht ist, täglich das Kistl reinigt und für Futter sorgt. Und deswegen lassen sie sich von der „Katzen-Mama" auch mal etwas Unangenehmes gefallen.

Wenn eine Katze etwas angestellt hat, hat sie ein sichtbar schlechtes Gewissen?
Ich denke nicht! Katzen fühlen sich vermutlich im Recht – wenn die Wurst offen in ihrem Revier herum liegt, gehört sie ihnen doch! Allerdings spüren die Miezen schon, wenn uns etwas an ihrem Verhalten nicht passt und das sieht dann wie schlechtes Gewissen ihrerseits aus.

Je mehr man mit einer Katze schmust, desto lieber hat sie einen?
Es stimmt schon, dass vor allem Wohnungskatzen sich über Aufmerksamkeit freuen. Aber eine noch größere Freude macht man ihnen, wenn man mit ihnen spielt und schaut, dass ihnen nicht fad ist.

Wer hat einen stärkeren Willen – Mensch oder Katze?
Gegen eine wirklich wilde Katze hat kein Mensch eine Chance!

Tanja Hofer Fotografie

Kapitel 3

Katzen-Wellness

Katzenglück statt Problemkatze

Auch Katzen wollen verstanden und verwöhnt werden! Ob Verhaltensberatung, Tier-Kommunikation, Spieltraining, Physiotherapie oder Fellpflege – das Angebot in Wien ist vielfältig.

communicats

Katzentraining mit Click

Erstaunlich, was alles möglich ist! Mit Clickertraining kann man Katzen verschiedene Tricks beibringen oder das Spielen abwechslungsreicher gestalten. Durch positive Verstärkung wie Lob in Zusammenhang mit akustischem Clicken wird ein Verhalten belohnt und durch Wiederholungen etabliert. „Negatives“, unerwünschtes Verhalten wird ignoriert. Äußerst nützlich, denn so kann auch das Annehmen ungeliebter Dinge wie eine Transportbox trainiert werden. Und eine tolle Möglichkeit, das Verhältnis zur eigenen Mieze zu erkunden! Katzentrainerin Gabriele Wochinger kommt mit ihrem Training ins Haus, Kosten ab 39 Euro.

Tel. (01) 990 62 69
www.communicats.at

learningcat

Mobile Miezen-Bespaßung

Katzen brauchen keine Unterhaltung? Weit gefehlt! Katzentrainerin und Verhaltensberaterin Ulrike Schlörb ist davon überzeugt, dass vor allem Stubentiger ohne Freigang geistig gefördert werden müssen. Auch wenn sie zu zweit gehalten werden! Deswegen bietet sie ein mobiles Katzentraining an, bei dem sie mit einem vollen Spielzeugkoffer anreist und jede Menge Ideen zur Katzen-Beschäftigung liefert. Meist reicht ein 50minütiger Besuch (für wohlfeile 45 Euro), um sich und die Katze(n) inspirieren zu lassen. Auch Clicker-Training ist möglich, aber eher für zugängliche und aufgeweckte Samtpfoten geeignet.

Tel. 0680 225 87 30
www.learningcat.at

Sabine Schroll

Beste Adresse bei Verhaltensstörungen

Kremstalstraße 53
3500 Krems
Tel. 0650 968 62 36
www.schroll.at

„...und man kann sie doch erziehen!" lautet der Titel des neuen Buches von Tierverhaltens-Medizinerin Sabine Schroll. Sie ist eine Koryphäe, wenn es um Verhaltensstörungen und das psychische Wohlbefinden von Katzen geht. Um zu ergründen, woran es hakt, beobachtet die Katzen-Kennerin ihre PatientInnen sehr geduldig und genau – und zwar ausschließlich in ihrer Praxis in Krems. Dann gibt's Ratschläge, was man als Besitzer tun kann. Dienstags berät die Katzen-Expertin in Wien in der Tierklinik Breitensee, dort hält sie auch regelmäßig Vorträge zu Katzen-Themen. Humorvoll und sehr profund!

Silberziege

Harmonisierende Bach-Blüten

Ob Ängste, Apathie oder Futterneid – Bachblüten können dabei sanft und ohne Nebenwirkungen helfen. Der englische Homöopath Dr. Edward Bach hat verschiedene Pflanzen erforscht, deren Energie positiv auf die Seele einwirkt, beim Menschen wie beim Tier. Meist werden in einem Einnahmefläschchen gleich mehrere Blüten miteinander kombiniert, die bekannteste Mischung sind die Notfalltropfen. Rita Eichinger vertreibt über ihren Online-Shop Bachblüten für Tiere und stellt persönlich, per Mail oder Telefon individuelle Mischungen zusammen. Die Tropfen sind übrigens speziell für Tiere ohne Alkohol konserviert!

Inzersdorferstraße 113a/2a
1100 Wien
Tel. (01) 602 23 30
www.silberziege.at

Birgit M. Brunner

Mit Tieren sprechen

Es ist wie eine stille Sprache: Tiere senden telepathisch an ihr Gegenüber Bilder, Gefühle, Sinneseindrücke oder intuitives Wissen. Als Tierkommunikatorin empfängt Birgit Brunner diese Botschaften und sieht durch die Augen des Tieres, empfindet seine Gefühle, hört, riecht und schmeckt mit seinen Sinnen. Diese Mitteilungen übersetzt sie dann in unsere Sprache. So ist es möglich, einem Tier Fragen zu stellen und Antworten zu erhalten, Probleme zu lösen und das Verständnis füreinander zu vertiefen. Mehrmals jährlich bietet Birgit Brunner auch Workshops in Telepathischer Tierkommunikation an.

Tel. 0664 236 63 79
www.tierkommunikatorin.at

Sylvia Schmölzer

Energetische Erste Hilfe

Ob Pinkel-Problematik oder Eifersuchtsattacke – Human- und Tierenergetikerin Sylvia Schmölzer bietet für derartige Notfälle ein „Erste Hilfe"-Package an. Und man muss selber gar nichts tun! Sie verbindet sich (ähnlich wie bei systemischen Familienaufstellungen) mit dem Energiefeld, in dem alle Informationen abgespeichert sind. Dann beleuchtet sie die Zusammenhänge sowie die wirkenden Energien und versorgt BesitzerIn und Tier energetisch mit dem im Moment Notwendigen. Die Anwesenheit von Mensch und Mieze ist dabei nicht nötig, es reicht ein Foto und eine Beschreibung der Situation. Praktisch!

Tel. 0664 452 37 39
www.sylviaschmoelzer.at

Unsere Getreidefreien!
frischer Fasan
Sterilized
frisches Geflügel
NO GRAIN+ Fasan
Hergestellt in Deutschland
Sanabelle
NO GRAIN+ Geflügel
mit dem extra Plus an frischem Geflügel ohne Getreide
besonders verträglich speziell für sensible Katzen
ab 12. Monat
STERILIZE
ab 12. Monat
für kastrierte Katzen
FREE SAMPLE
GRATIS-PROBE · FREE SAMPLE · GRATUIT
Jetzt kostenlose Futterproben unserer getreidefreien Produkte anfordern: www.sanabelle.de
Sanabelle
Die Ernährungsphilosophie für Ihre Ka

Cordula König

Tierärztin macht Katzen glücklich

So tut Katz' ausnahmsweise das, was Mensch will: Cordula Königs Katze Chispa schaffte nach etwas Training sogar einen Agility-Parcours. Denn wenn man weiß, wie Katzen ticken, kann man ihnen was beibringen – und Verhaltensprobleme lösen. Diese sind das Spezialgebiet der Tierärztin, zur Therapie macht sie Hausbesuche. Außerdem hat die Verhaltensexpertin einen „Leitfaden zum Katzenglück" geschrieben.

Rehsteig 14, 2384 Breitenfurt bei Wien
Tel. 0681 818 600 09
www.tier-verhaltensprobleme.at

Happy Cats

Katzenkummernummer

Schlaflose Nächte, weil die geliebte Katze nachtaktiv ist? Oder Stress, weil sich die Samtpfote auf einmal aggressiv benimmt? Dann ist die „Katzenkummernummer" von Katzenpsychologin Martina Roth eine gute Wahl. Nach einer kurzen telefonischen Schilderung des Problems ist ein Fragebogen auszufüllen, meistens folgt vor den Therapievorschlägen noch ein Hausbesuch. Und bald sind alle wieder happy!

Tel. 0676 660 22 93
ww.happy-cats.at

Coach4Cats

Die Katzen-Flüsterin

Haben Sie gewusst, dass auch Katzen die Stirn runzeln können? Katzen-Coach Petra Ott ist Expertin für Katzensprache und kann jedes Augenzwinkern oder Barthaar-Drehen genau deuten. Bei ihren Beratungen beobachtet sie Katzen in ihrem gewohnten Umfeld und hilft danach, Probleme wie Unsauberkeit, Aggression oder Eifersucht zu lösen. *(Mehr dazu im Interview über Katzen-Sprache auf Seite 78.)*

Tel. 0664 815 3787
www.coach4cats.at

Pet Coach Elke

Tierpsychologischer Beistand

Mit viel Geduld und Liebe widmet sich Tierpsychologin Elke Söllner sensiblen Samtpfoten. Sie berät bei gängigen Katzen-Themen von Möbel-Zerkratzen bis Kisterl-Verweigerung, aber auch bei tief sitzenden Problemen wie Angst oder Traumata. Nach einem ausführlichen Anamnesegespräch rund um die Mieze gibt's Therapievorschläge, danach Telefonbegleitung. Kosten: ab 135 Euro, nur Hausbesuche.

Tel. 0699 10 22 19 99
tierverhaltensberatung.at

Stefanie Haller

Mit Katzen telepathisch kommunizieren

Was Sie ihre Katze schon immer fragen wollten: Stefanie Haller ermöglicht einen Austausch zwischen Mensch und Tier. Die Kultur- und Sozialanthropologin verbindet sich telepathisch mit Tieren und „übersetzt", was sie dabei empfängt. Das erleichtert das Zusammenleben, kann aber auch bei der Suche nach vermissten Tieren helfen. Funktioniert nicht nur direkt, sondern auch per Foto!

Tel. 0650 943 21 90
www.tierbewusstsein.at

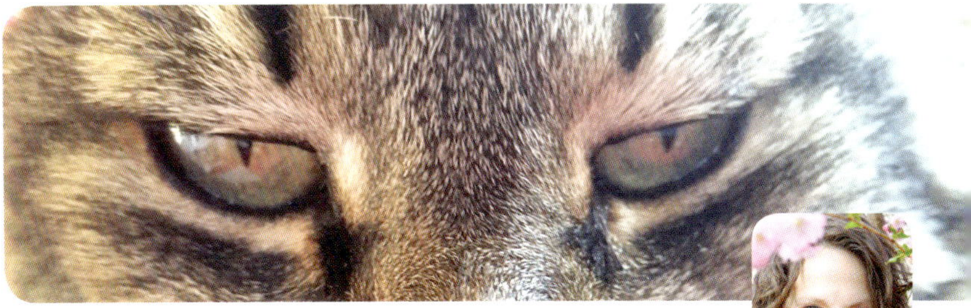

Katharina Wanha

Tierärztin mit telepathischen Fähigkeiten

Ein Foto oder ein paar Haare reichen, damit sich Katharina Wanha telepathisch mit einem Tier verbinden kann. Dann kann sie sich in Probleme einfühlen oder die Fellnase geistig auf Themen wie Familienzuwachs vorbereiten. Außerdem bietet die Tierärztin Aufstellungen an, bei denen auch Haustiere repräsentiert werden. Denn diese spiegeln oft Gefühle oder Symptome „ihrer" Menschen.

Karmelitergasse 8/6, 1020 Wien
Tel. 0660 600 48 12 www.kawa.co.at

Seelenflüstern

Intuitiv und einfühlsam

Auch Tiere haben eine Aura – und die sagt einiges aus! Seelenflüsterin Barbara Fegerl ist so hellsichtig, dass sie bei Menschen und Tieren mehr wahrnimmt als andere. Indem sie sich direkt oder aus der Ferne mit einem Lebewesen verbindet, kann sie Aura und Chakren harmonisieren und mit Katzen „sprechen". Wer selber hören will, was Tierseelen so flüstern: Fegerl bietet auch Seminare an.

Redtenbachergasse 54/15 (Hofgebäude)
1160 Wien
Tel. 0664 738 247 31
www.seelenfluestern.net

Gesundes Tier

Beratung in Wohlfühlumgebung

Hier fühlen sich Miez und Mensch wohl! Katharina Aberle ist Tierverhaltensberaterin mit Spezialgebiet Angst und Aggression. In sehr entspanntem Ambiente nahe Wien berät sie Tierbesitzer zu jeglichen Problemen mit tierischen Mitbewohnern. Außerdem bietet die vielseitig ausgebildete Tierliebhaberin Tellington TTouch an – für Vier- und Zweibeiner.

Wiener Straße 203
2103 Langenzersdorf
Tel. 0664 411 10 01
www.gesundestier.at

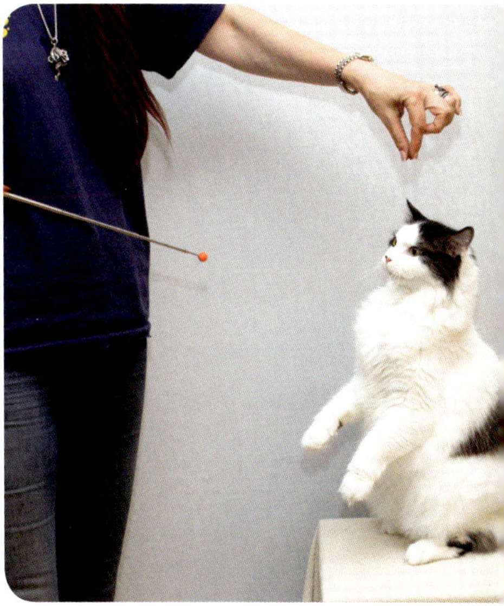

alle Felle

Tierisch gute Massagen

Auch wenn wir unsere schnurrenden Stubentiger gern kräftig knuddeln – eine professionelle Massage ist da schon etwas anderes! Lena Schweiger ist diplomierte Tiermasseurin und Bewegungstrainerin und kennt die richtigen Tricks und Kniffe, wenn es mal zwickt. Eine Massage kann ähnlich wie bei uns Zweibeinern einfach der Entspannung dienen, etwa wenn ein Tier nervös und angespannt ist. Eingesetzt werden kann Tier-Massage aber auch bei Bewegungsproblemen wie Sprung-Schwierigkeiten oder zur Stärkung von Muskeln und Sehnen. Masseurin Lena kommt ins Haus, Kosten: ab 25 Euro pro halber Stunde.

Tel. 0660 657 34 16
alle-felle.webnode.com

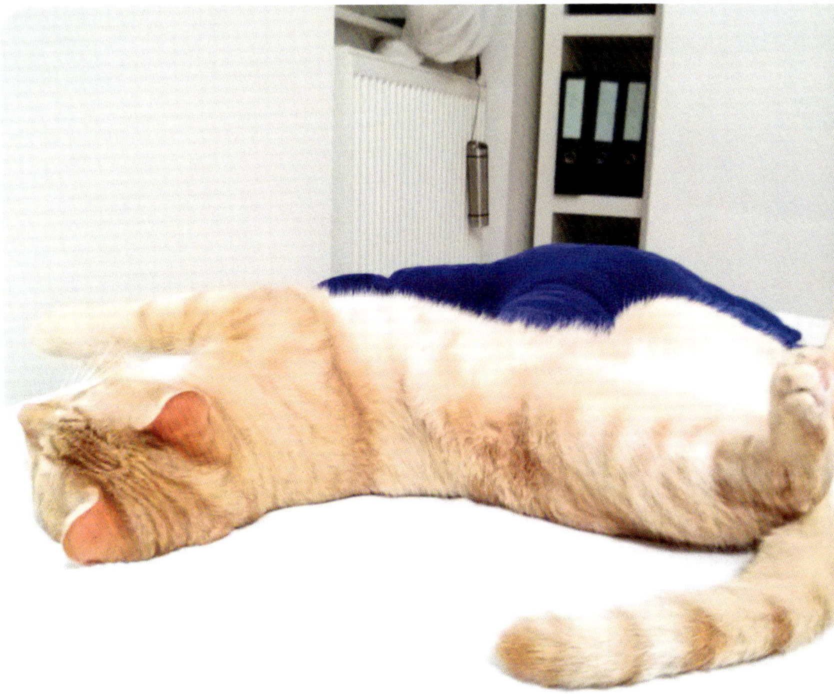

Gudrun Thaller

Entspannen mit Tellington TTouch

Schnurr! Wenn Gudrun Thaller Katzen mit der speziellen Körpermethode Tellington TTouch behandelt, tritt meist schnell Beruhigung und Entspannung ein. Die sanften, kreisenden Bewegungen helfen gegen Ängste, gesundheitliche Beschwerden und Schmerzen. Für einen Termin (ab 45 €/Stunde) kommt die Tierliebhaberin auch gerne zu ihren KlientInnen nach Hause, das gewohnte Umfeld erleichtert oft das Behandeln. Benannt wurde die Methode übrigens nach ihrer Erfinderin Linda Tellington Jones. Und wer's selbst lernen will: Der Tellington Verein bietet eintägige Spezial-Kurse für KatzenhalterInnen an!

Tel. 0650 500 09 98
www.gudrun-thaller.at
www.tellington.at

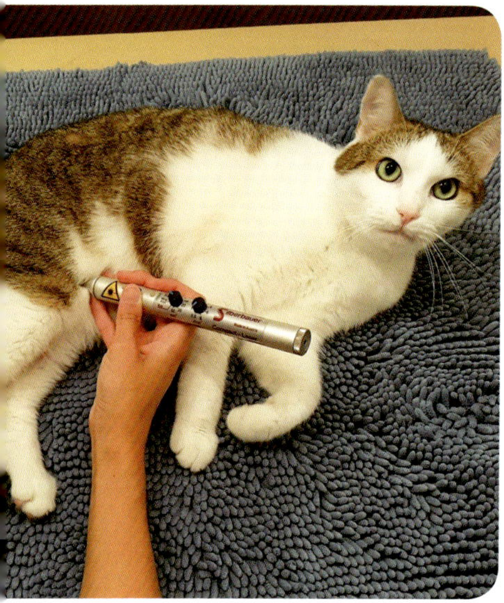

Canimotion

Physiotherapie für Fellnasen

Was für Menschen selbstverständlich ist, tut auch Samtpfoten gut: Physikalische Therapie und Rehabilitation unterstützt den Heilungsprozess nach Operationen oder Unfällen, hilft bei Gelenksbeschwerden und stärkt die Muskulatur. In dieser Physiotherapie-Praxis wird Katzen kompetent auf die Sprünge geholfen – mit Magnetfeldtherapie, Osteopathie und Akupunktur.

Krongasse 20/3-4
1050 Wien
Tel. 0676 611 58 55
www.canimotion.at

ANZEIGE

Tierkommunikation, ein Weg zu mehr Verständnis & Harmonie

Tierkommunikation ist weit mehr als das Wahrnehmen und Vermitteln zwischen Mensch und Tier – im Sinne einer meditativen Innenschau ist es ein Bestandteil allgemeiner Friedensarbeit. Wer nach Innen schaut, hört und fühlt, kann die Verbundenheit allen Seins wahrnehmen und wird das Zusammenleben mit anderen Wesen bewusster und liebevoller gestalten.

Möchten Sie selbst in diese Dimension der Wahrnehmung eintauchen und Ihre Tiere besser verstehen? Bei einem Wochenendseminar können Sie herausfinden, ob die Jahresausbildung zur/m Tierkommunikator/in das Passende für Sie ist!

Wenn Sie die Beziehung zu Ihren Tieren optimieren möchten, berate ich Sie gerne!

Weitere Infos und Kontakt:
Tel. 0650/9432190
tierbewusstsein@gmx.at
www.tierbewusstsein.at

„Das authentische Wesen der Tiere erinnert uns daran bedingungslos zu lieben und anderen wertfrei zu begegnen – welch wertvolles Geschenk!"

Dr. phil. Stefanie Haller

Hundesalon Döbling

Frisurenservice für Langhaarmiezen

Langhaarkatzen müssen regelmäßig gebürstet, entfilzt und manchmal sogar geschoren werden. Und das kann schnell in ein Desaster ausarten – vor allem, wenn die Miezen nicht von klein auf daran gewöhnt werden. Wie gut, dass es unter den vielen Hundesalons auch welche gibt, die sich liebevoll um Katzen kümmern! Cornelia Lehner und Tanja Krenn haben das volle Beauty-Programm von Trimmen bis Krallenpflege im Angebot. Neben Komplett-Services mit Preisen je nach Haarlänge und Fellzustand gibt es auch günstige Mini-Behandlungen wie flinkes Durchbürsten. 10 Prozent Kennenlern-Rabatt für NeukundInnen!

Gatterburg-
gasse 25/3
1190 Wien
Tel. 0650 300 35 22
www.hundesalon-
doebling.at

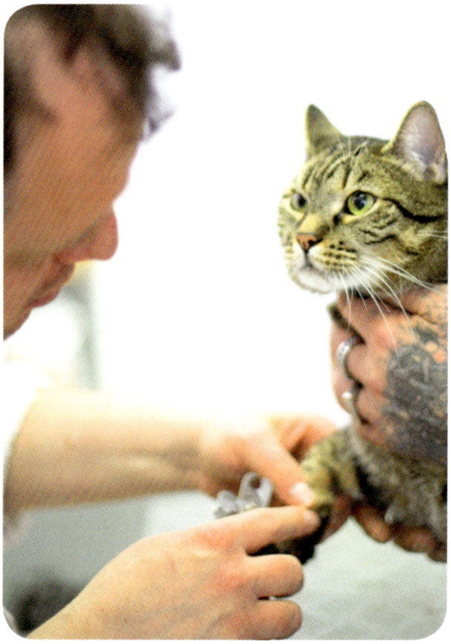

The Dog Care Company

Auch zu Katzen freundlich

Frisieren will gelernt sein: Kater Pauli ergreift die Flucht, sobald sich sein Frauchen mit der Bürste nähert. Er kommt lieber in die sehr katzenfreundliche Dog Care Company, um sich sein verfilztes Fell pflegen zu lassen. Danach sitzt die Frisur, er fühlt sich wie neu geboren und will gar nicht mehr nachhause. Erstkunden-Special: 15 Prozent Rabatt auf ein Komplettservice.

Hernalser Hauptstraße 193, 1170 Wien
Tel. 0699 1 109 09 69
www.thedogcarecompany.at

Salon WAU-WAU

Frisur von der Trimm-Expertin

Dank der Expertise aus jahrelanger Katzenzucht gibt's in Petras Salon preisverdächtige Frisuren. Allerdings wird hier hauptsächlich getrimmt. Die (Perser-)katzenerfahrene Besitzerin macht für einen kleinen Aufpreis auch Hausbesuche bei ihren KundInnen.

Geblergasse 114
1170 Wien
Tel. (01) 485 05 85
www.wau-wau.at

Hunde- und Katzensalon Snoopy

Liebevoll und professionell

Die Termine im „Snoopy" sind heiß begehrt – für Katzen sollte man mindestens vier bis sechs Wochen vorher anrufen! Gewählt werden kann aus dem vollen Beautyprogramm von Krallen-Pflege über Ohrenputzen bis zu Trimmen, Entfilzen und Bürsten.

Karolinengasse 27
1040 Wien
Tel. (01) 505 09 88
www.hundesalon-snoopy.at

Tierklinik Döbling

Haarschnitt im Dämmerschlaf

Wenn's gar nicht anders geht: Nahezu alle TierärztInnen und Tierkliniken bieten Fellpflege wie Scheren oder Entfernen von Verfilzungen mit entsprechender Sedierung an. Die Tierklinik Döbling immer nachmittags, Termine bekommt man meistens am nächsten Tag.

Peter Jordan Straße 12
1190 Wien
Tel. (01) 368 16 84
www.tierklinik-doebling.at

INTERVIEW

Die Geheimnisse der Katzensprache

Wenn Katzen lächeln, leiden oder einfach lästig sind

Miauen, Fauchen und Kratzen kennt jeder Katzenbesitzer. Aber welche Möglichkeiten haben Katzen denn sonst noch, sich auszudrücken?

Petra Ott: Katzen kommunizieren hauptsächlich über ihren Körper und – was viele nicht wissen – über ihre Mimik! Sie haben Falten über ihren Augenbrauen, zwinkern mit den Augen, bewegen Schnurrhaare und Schnäuzchen. Wenn sie etwa die Schnurrhaare beidseitig nach hinten richten und ein schmales Gesicht machten, ist das ein Zeichen für „Lass mich in Ruhe". Im umgekehrten Fall – Schnurrhaare nach vorne – deutet das auf Interesse hin. Und Stirnrunzeln kann ähnlich wie bei uns Menschen Missmut oder Verwunderung ausdrücken. Auch das Fell sagt einiges aus, je nachdem ob sich die Haare bewegen, sträuben oder schön glatt sind. Wenn die Katze mit ihrem Fell zuckt oder rollt, kann Stress dahinter stecken. Und natürlich sagen Ohren- und Schwanz-Stellung viel aus.

Wie erkenne ich denn am einfachsten, wie meine Katze gerade gelaunt ist und ob sie zum Streicheln oder Spielen aufgelegt ist?

Am besten anhand der Rutenhaltung. Ein senkrecht nach oben gerichteter Schwanz zeugt meist von guter Laune und Freude – oft wird der Besitzer so begrüßt. Ein nach unten getragener Schwanz mit zuckender Spitze weist hingegen eher auf Jagdmodus hin – wer jetzt versucht, seinen Stubentiger zu streicheln, handelt sich vielleicht einen Tatzenhieb ein. Eine Katze die sich fürchtet, klemmt den Schwanz wie ein Hund ein. In der freien Natur kann die Katze am Schwanz auch am schnellsten die Emotion der Nachbarkatze erkennen.

Die Augen der Katze schauen durch die veränderlichen Pupillen oft so unterschiedlich aus. Was kann man am Blick einer Mieze ablesen?

Die Pupillen sind normalerweise Schlitze. Sind sie groß und rund oder auch stecknadelkopfgroß, deutet das auf Angst, Panik, Aggression oder Aufregung hin. Das kann aber auch positive Aufregung sein, also, wenn Katzen jagen oder wild spielen.

Kann ich mit meiner Katze in ihrer Sprache sprechen oder reagieren Katzen da ohnehin nicht darauf?

Doch! Katzen mögen es gern, wenn man zurückredet, sie angurrt oder einfach mit ihnen plaudert. Besonders

Was bedeutet es, wenn Katzen mit den Augen zwinkern oder die Schnurrhaare bewegen? Und wie geht man mit einer eifersüchtigen Katze um? Coach4Cats Petra Ott (siehe auch S. 68) hilft Miezen-BesitzerInnen dabei, ihre tierischen Mitbewohner besser zu verstehen. Tägliche Weiterbildung in Sachen Tier-Kommunikation genießt sie mit ihren Maine Coon-Schmusekatern Shawnee und Merlin.

toll ist es, mit den Augen zu kommunizieren. Um Kontakt aufzunehmen, würde eine Katze das Schnäuzchen wölben und die Barthaare nach vorne richten. Als Mensch kann man versuchen, einen freundlichen Schmollmund zu machen. Dann schaut man der Katze in die Augen und zwinkert langsam mit beiden Augen, was auf „Katzisch" so viel bedeutet wie „Hallo, ich bin dir wohlgesonnen." Kann gut sein, dass die Katze dann zurückzwinkert! Aber bitte nicht schnell zwinkern, denn das wiederum könnte auch eine Kampfansage sein. Übrigens: Mit einem Auge zwinkern ist soviel wie ein Lächeln – Katzen lächeln tatsächlich oft zurück.

Petra Ott
Tel. 0664 815 3787
www.coach4cats.at

Warum miauen Katzen uns Menschen oft so ausdauernd an, wenn sie untereinander doch kaum laut miteinander sprechen?
Unter ihresgleichen verständigen sich Katzen hauptsächlich nonverbal. Durch ihren 220-Grad-Blick erfassen sie rasch, was die andere Katze gerade ausdrückt. Wenn Katzen sitzen und sich fixieren, läuft eine ganz intensive Kommunikation. Wenn sie bei uns nonverbal nicht weiterkommen, dann Mauzen sie halt. Oder weil sie mit uns plaudern oder einfach „Hallo hier bin ich" sagen wollen. Manche Katzen machen bei Frustration auch ein Schnatter-Geräusch, um auf sich aufmerksam zu machen.

Wie ist es mit dem Verständnis zwischen Hund und Katz? Kann man sie aneinander gewöhnen?
Nicht jede Katze kann „Hund" und umgekehrt. Wenn sie nicht miteinander aufgewachsen sind und die Signale des anderen deuten gelernt haben, kann es da schon mal zu Missverständnissen kommen. Wedelt ein Hund freundlich mit dem Schwanz, kann das für eine Katze eine Kampfansage sein.

>Katzen schmusen mit uns, weil sie sich mit unserem Duft umhüllen und ihren an uns hinterlassen wollen. Und auch zarte Katzenbisse kommen von Herzen.<

Welche uns Menschen vertrauten Gefühle kennen Katzen? Können sie tatsächlich traurig oder eifersüchtig sein?
Auf jeden Fall Eifersucht, Freude, Zufriedenheit, Trauer, Ärger. Alle diese Gefühle kann man einer Katze an Körper und Gesicht ablesen.

Wie geht man mit einer eifersüchtigen Katze um, etwa bei Familienzuwachs oder wenn ein zusätzliches Tier ins Haus kommt?
Katzen sind grundsätzlich Einzeljäger mit eigenem Revier. Wenn dann jemand anderer kommt – egal ob Tier oder Mensch – wird das Revier für die Katze kleiner und vielleicht auch ungemütlicher wegen Lärm und Aufregung. Was hilft, ist die Katze schon vorher darauf vorzubereiten, indem man etwa im Kinderzimmer immer wieder Lärm macht. Und man sollte natürlich versuchen, der Katze trotz der Veränderung möglichst viel Aufmerksamkeit zu schenken.

Wie trauern Katzen, wenn ein Mensch oder ein Tier stirbt, das ihnen nahe war?
Sie sind defensiv, gehen geknickt, manche schlurfen fast. Der Schwanz hängt, die Nickhaut – das ist das dritte, nasenseitige Augenlid der Katze – zeigt sich, und sie haben im Gesicht richtige Trauerfalten zwischen den Augen. Trauer sollte man wirklich nicht unterschätzen und die Katze in ihrer Trauer unterstützen, ähnlich wie man es bei Menschen tut!

Welche Liebesbeweise außer Schmusen und Schnurren zeigt uns eine Katze?
Wenn sie nahe ans Gesicht kommt und einem mit ihrer Nase ein Eskimobussi gibt, ist das eine große emotionale Geste. Auch wenn sie mit Gesicht und Körper an uns schmieren, bedeutet das Zuwendung. Sie wollen sich quasi mit unserem Duft „umhüllen" und ihren an uns hinterlassen. Auch zarte Liebesbisse kommen von Herzen. Und wenn Katzen mit ihren Pfoten Platzerltreten fühlen sie sich so wohl wie einst an Mamas Zitze.

Also sind wir nicht nur ihre Kistlreiniger und Dosenöffner?
Nein, ganz und gar nicht! Wir sind wichtig für unsere Katzen, wir sind ihre Bodyguards und bieten Schutz und Rückenstärkung. Das zeigt sich gut in Mehrkatzenhaushalten, wo bei Problemen unter den Tieren oft Ruhe einkehrt, sobald die Menschen zu Hause sind. Wir sind ja auch ihre Futtermanager und pflegen sie, was vor allem bei Langhaarkatzen ein Thema ist! Und nicht zuletzt lieben die meisten Katzen es, wenn wir ihnen unsere Aufmerksamkeit schenken.

Wie erkenne ich, dass es meiner Katze nicht gut geht oder dass sie Schmerzen hat?
Katzen jammern nicht, sondern leiden still. Sie ziehen sich zurück, fressen wenig oder nichts. Auch ihr Gesicht hat einen anderen Ausdruck: Es kann sein,

dass sie die Lippen hochziehen, die Schnurrhaare nur einseitig nach vorne richten oder die Ohren hängen lassen. Und wenn man die Nickhaut im inneren Augenwinkel sieht, deutet das immer auf Probleme hin.

Was bedeutet es, wenn Katzen schnurren? Machen sie das wirklich nur, wenn es ihnen gut geht?
Das kommt darauf an! Ein glückliches Schnurren ist meist leise und sanft. Wenn sich Katzen in Traktorenlautstärke „wegbrummen", kann das auch ein Zeichen von Angst oder Schmerzen sein. Deswegen schnurren viele Katzen auch beim Tierarzt.

Kann man Katzen erziehen?
Ja, man kann sie erziehen! Man kann einer Katze sehr wohl zeigen, was erwünscht ist und was nicht. Aber bitte nie mit Bestrafung.

Wie hält man zum Beispiel einen verfressenen Stubentiger davon ab, auf den Tisch zu springen und Essen zu stibitzen?
Alles, was wir mit der Katze teilen, ist in Revier und Besitz aufgeteilt. Eine Katze sollte also begreifen, dass der Tisch „Menschenrevier" ist. Darauf muss sie konsequent hingewiesen werden, indem sie sanft, aber bestimmt vom Tisch verscheucht wird. Vorsicht: Hebt man sie herunter und flüstert ihr mit lieber Stimme „Nein" ins Ohr, kann das als Zuwendung interpretiert werden und ist kontraproduktiv.

Und wie gewöhnt man einer Katze das Kratzen am Lieblingssofa ab?
Katzen kratzen auch deshalb an Möbeln, weil sie dabei mit ihren Duftdrüsen in den Pfotenballen Markierungen hinterlassen. Das machen sie instinktiv, man muss ihnen also Alternativen wie Kratzbretter oder Kratzbäume anbieten. Wenn jedoch eine Verhaltensauffälligkeit besteht und eine Katze ganz konsequent wirklich alle Möbel zerkratzt, muss man sich die Hintergründe sehr genau anschauen.

Und wenn das kleine Geschäft nicht mehr im Kisterl, sondern am Teppich verrichtet wird?
Wichtigste Info: Protestaktionen gibt es nicht! Wir Menschen unterstellen Katzen, dass sie gegen etwas protestieren, aber in Wahrheit tun sie das immer aus einer inneren Not heraus und nie absichtlich. Es gibt hundert Gründe, warum etwa eine Katze plötzlich auf den Teppich pinkelt. Vielleicht wurde ein Möbelstück verrückt, die Katze fürchtet sich vor irgendetwas oder es gibt eine medizinische Indikation. Man sollte also unbedingt herausfinden, woran es hakt und dann etwas verändern.

Gut Aiderbichl

Kapitel 4

Katzen-Sitter

Kitty allein zu Haus

Das große Problem: Was tun mit der Katze, wenn man verreisen muss? Hier findet Ihr verlässliche Urlaubs-Betreuung für Samtpfoten: professionelle Tiersitter, Nachbarschaftshilfe und Tierpensionen.

dogwalker & catsitter

Etabliert und engagiert

Für die Haustierbetreuung jemandem Fremden die Wohnungsschlüssel zu überlassen, ist so eine Sache. Vorsichtige tun sich vielleicht mit einem renommierten Anbieter leichter. Die catsitter-Agentur betreut seit fast 20 Jahren Tiere, die über 40 Sitter der Firma sind bestens geschult. Da werden nicht nur Fellnasen gut versorgt, sondern auch volle Postkästen entleert oder Pflanzen gegossen. Möglich ist auch die Unterbringung bei Catsitter-Familien – quasi ein „Zweitwohnsitz" für Katzen, die dann immer wieder zu den gleichen, vertrauten Zweibeinern kommen. Diese Pflegeplätze sind allerdings rar!

Tel. 0699 110 300 97
www.catsitter.at

Tierbetreuung

... für Ihren Liebling

Von der Siam- bis zur Perserkatze und vom kleinen Chihuahua bis hin zum großen Schäfer hatte Tiersitterin Linda Fink schon fast jede Hunde- und Katzenrasse unter ihren Fittichen. Liebevoll und kompetent betreut sie Katzen-Schützlinge in deren eigenen vier Wänden, Freigänger werden nach Absprache auch hinaus gelassen. Ein Besuch dauert 30 Minuten oder eine Stunde, inkludiert ist Füttern, Kuscheln, Spielen und Kisterl-Reinigen. Beschnuppern kann man sich bei einem unverbindlichen und kostenlosen Kennenlern-Termin. Praktisch: Es gibt günstige Betreuungs-Zehnerblocks, die ein Jahr lang gelten.

Tel. 0660 32 23 891
www.tierbetreuung
fuerihrenliebling.at

Jolly Friends

Für besondere Bedürfnisse

Gerade wenn die geliebte Samtpfote krank oder betagt ist, fällt es nicht leicht, sie in fremde Obhut zu geben. Tierbetreuerin Sabine Hickl hat selbst eine Katze, die auf Medikamente angewiesen ist und kümmert sich deswegen auch gern um pflegeintensive Tiere. Agile Stubentiger beschäftigt sie zur Unterhaltung auch gern mit Clickertraining. Ein Betreuungs-Besuch dauert etwa 1 Stunde.

Tel. 0664 173 28 45
www.jollyfriends.at

Katzenbetreuung

Mit Herz und Verstand

Katzen-Kenner Horst Stieglecker und sein Team betreuen seit zehn Jahren Miezen in ihrer gewohnten Wohnumgebung. Auch sensible Tiere werden mit großem Verständnis für Katzen-Eigenheiten versorgt. Wenn nötig, werden auch Tierarztbesuche übernommen.

Tel. 0699 1 198 59 66
www.katzenbetreuung.at

Tiersitterservice

Familiäre Betreuung im Norden Wiens

Für die Katzen-Reviere Floridsdorf und Donaustadt: Der kleine Familienbetrieb rund um Daniela Hofmeister betreut Fellnasen in Wien Nord und Umgebung. Für einen Euro Aufpreis werden auch Extra-Leistungen wie Balkonblumen-Gießen oder Garten-Wässern angeboten.

Tel. (01) 922-82-17
www.tiersitterservice.at

Tiersitting Wien

Persönlich und liebevoll

Tier-Närrin Claudia Hausar arbeitete selbst bei einigen Tiersitter-Agenturen, ehe sie ihren eigenen Betreuungs-Service gründete. Nun kümmert sie sich um Haustiere in ganz Wien und betreut auch gerne Katzen. Kennenlernen und Schlüsselübergabe sind gratis.

Tel. 0699 104 93 440
www.tiersitting-wien.at

FragNebenan

Kostenlose Nachbarschaftshilfe

Fragen kostet nix! Weil Katzen am liebsten in ihrem eigenen Revier bleiben, wenn die menschlichen Mitbewohner verreisen, ist Nachbarschaftshilfe die beste Lösung. Die Internet-Plattform „FragNebenan“ erleichtert das Vernetzen von TierfreundInnen im selben Grätzl. Bei der Registrierung gibt man seine Wohnadresse an (wird überprüft!), dann können Interessen wie „Haustiere sitten“ angegeben werden. In punkto Katzenbetreuung kann man nach lokalen Gruppen und willigen Nachbarn suchen oder selber einen Aufruf an die Runde machen. Meist ist das Betreuungsproblem dann innerhalb von kurzer Zeit gelöst!

fragnebenan.com

Tiersitter 24

Betreuung für jedes Budget

Tausende potentielle Tier-Sitter auf einen Click! Auf dieser Online-Plattform muss man nur die Postleitzahl eintippen, „Katze“ ankreuzen und los geht's! Ausführliche Sitter-Profile mit Bild, Erfahrung, Alter und Stundenlohn erleichtern die Auswahl.

tiersitter24.at

Katzensitter-Club Wien

Mitglieder helfen Mitgliedern

Praktisch! Die rund 300 Katzenclub-Mitglieder versorgen ihre Miezen gegenseitig. In Anspruch genommene Betreuung und selbst übernommene halten sich dabei etwa die Waage. Zum Kennenlernen gibt's Bezirkstreffen. Aufnahmegebühr und kleiner Jahresbeitrag.

www.katzensitter.at

PET together

Haustiere teilen leicht gemacht

Neue Plattform, nette Idee: Haustier-BesitzerInnen, „verleihen“ im Bedarfsfall ihre Lieblinge an Menschen, die keine haben – aber sich gerne ab und zu um welche kümmern. Dieses „Pet-sharing“ löst Betreuungsengpässe und ist für alle Beteiligten kostenlos!

www.pettogether.me

Was Katzen brauchen ...
grau
Neu
Special N eeds
für den besonderen Ernährungszweck
Das neue Nahrungskonzept für Katzen zur optimalen Versorgung bei besonderen Bedürfnissen.
Gewichts-reduktion
Stärkung des Immunsystems
MONO PROTEIN
Monoprotein
HYPO ALLERGEN
Hypoallergen
Kitten
getreidefrei
FLUTD
grau
Miezelinos
SENSITIVE CAT CARE
Special N eeds
Allergie-Kontrolle
mit Ziege
grau
Miezelinos
SENSITIVE CAT CARE
Special N eeds
Kitten
mit Pute & Topinambur
Spezialtiernahrung grau,
seit 30 Jahren Ihr Spezialist
für Nahrungsergänzungen
und Nahrungen!
Katalog anforder
+49 (0) 2874 903
grau-tiernahrung.d

Susi und Strolch

Zimmer mit Aussicht

Unterbringung mit Wohnzimmeratmosphäre: Die Zimmer dieser Katzen-Pension befinden sich alle im Wohnhaus der Besitzerin und sind recht heimelig eingerichtet. Mit (Menschen-)Möbeln, Teppichen und interessantem Ausblick ins Grüne. Die Fenster und Glastüren sind katzensicher vergittert und können bei schönem Wetter geöffnet bleiben. Eines der Zimmer hat auch ein angeschlossenes Gehege für Freigänger oder jene, die einmal Gartenluft schnuppern wollen. Pro Zimmer werden nicht mehr als zwei Katzen untergebracht, die Suite hat immerhin 25 m². Mindestaufenthaltsdauer drei Tage, Kosten ab 20 Euro/Tag.

Brückengasse 133
3033 Altlengbach
Tel. 0664 541 76 74
www.susiund
strolch.at

Hotel zur Pfote

Für Gesellschaftstiger

Nichts für Schüchtis! Im Hotel zur Pfote werden im gemütlich eingerichteten Katzenzimmer inklusive Freilaufgehege bis zu sechs Samtpfoten beherbergt. Den Stammgästen gefällt's und auch sonst gibt's weniger Probleme, als man annehmen würde. Denn Katzen zeigen in fremder Umgebung nicht das übliche Territorialverhalten. Wenn doch: Es gibt zur Not auch Einzelzimmer. Kosten: Ab 22 Euro/Tag.

Ebergassingerstraße 6
2325 Himberg bei Wien
Tel. 0676 470 23 17
www.tierpension-hotelzurpfote.at

Tierpension Wien

Urlaub in Kliniknähe

Beruhigend für BesitzerInnen kränklicher Tiere: Die Tierpension des Wiener Tierschutzvereins befindet sich am gleichen Gelände wie die Tierklinik Wien Süd. Die Herberge hat fünf Katzenzimmer, in die bis zu sechs Miezen einquartiert werden. Die Zimmer sind nicht riesig, verfügen aber alle über eine Freigangmöglichkeit. Ab 12 Euro/Tag, Ermäßigung für Mitglieder des Tierschutzvereins.

Wolfholzgasse 6-10
2345 Brunn am Gebirge
Tel. (022 36) 33 1 66
tierpensionwien.at

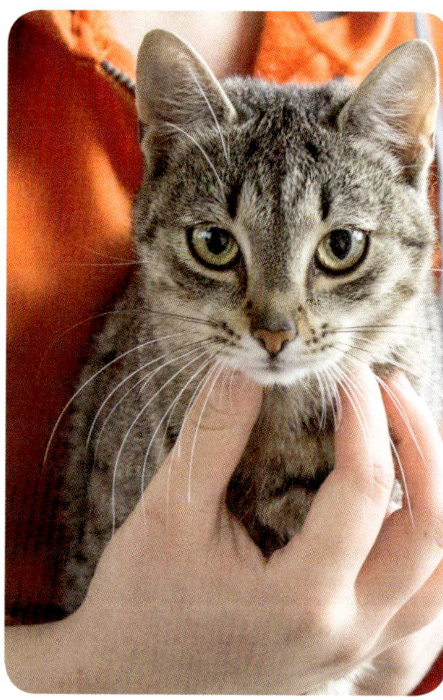

Die Pfotenstube

Pension mit Wellness-Angebot

Fast alle Katzenzimmer dieser großen Tierpension haben ein Freigehege, bei kühlen Temperaturen sorgt eine Fußbodenheizung für warme Pfötchen. Auch Miezen, deren Fell besondere Pflege braucht, sind hier gut aufgehoben, Chefin Christa Guntendorfer betreibt nämlich zusätzlich einen Tier-Salon – und einen Wellness-Shop für Fellnasen. Ab 15 Euro/Tag, Rabatt bei längerem Aufenthalt.

Parkbadstraße 1a
2460 Bruck an der Leitha
Tel. 0664 300 45 34
pfotenstube.at

Kapitel 5

Für Katzen-Fans

Kult und Kultur

Diese Tipps gelten nur für Zweibeiner: von Katzen Yoga über das Katzen-Cafe und das Cat Video Festival bis hin zu originellen Online-Shops. Schönes, Schräges und Spannendes für Katzen-Fans!

Tanja Hofer Fotografie

Kunsthistorisches Museum

Die ältesten Katzen der Stadt

Maria Theresien-Platz
1010 Wien
Di – So 10.00 – 18.00
Do 10.00 – 21.00
(von Juni bis August täglich geöffnet)
www.khm.at

Katzen sind Göttinnen! Zumindest im alten Ägypten, denn dort huldigte man Bastet, der katzengestaltigen Herrin der Fruchtbarkeit, laut Herodot in zwei großen Verehrungszentren. Aus einem der beiden stammen jene Original-Objekte, die in der Ägyptisch-Orientalischen Sammlung des Kunsthistorischen Museums ausgestellt sind. In den Sälen im Hochparterre sind mehrere göttlich-elegante Bastet-Figuren zuhause, etwa eine wunderschöne, stehende Bronze-Katzengöttin aus dem 6. bis 8. Jahrhundert v. Chr. Sogar eine echte Katzen-Mumie gibt's hier – durch Kopfform und die langen Ohren gut erkennbar. Spannend!

Cat Video Festival

Das kultigste Filmfestival Wiens

Ziemlich schräg und ein Riesenspaß! Seit einigen Jahren findet in der Wiener Arena ein Open Air-Katzen-film-Festival statt, meistens Ende August. Gezeigt werden YouTube-Hits à la „dicke japanische Katze versucht xmal in kleine Schachtel zu hüpfen“ oder „Kater chillt am Plastikstuhl“ sowie experimentelle Videos, Musikclips und witzige Werbespots mit Miezen. Geglotzt wird auf der Wiese sitzend, also unbedingt eine Decke mitbringen. Und wer zufällig einen Katzen-Ohren-Haarreifen zuhause hat: Ruhig mitnehmen und aufsetzen, dort laufen sogar erwachsene Männer damit herum. Zum Niederbrechen lustig!

Baumgasse 80
1030 Wien
www.viennashorts.com

Most Likely

Katzenschmuck von Wiener Designerkollektiv

Tel. (01) 890 89 21
www.mostlikelyshop.com

Katzenlampen und Katzenschmuck, nicht kitschig, sondern hochkomplex: Das Wiener Designerkollektiv rund um Maik Perfahl und Wolfgang List entwirft ziemlich lässige Objekte. Etwa Do It Yourself-Papier-Lampenschirme in Tierform, die selbst ausgeschnitten, gefaltet und zusammengeklebt werden können. Verwendbar sind sie dann als Hänge- und Stehlampe oder als Maske. Auch eine ausgefallene Schmuck-Linie ist aus den Motiven der Lampenschirm-Serie entstanden. Dazu wurden die kantigen Tierköpfe in Gummi- und Silbergitter-Anhänger umgewandelt, die auf eine Kette gefädelt werden können. Ein Hingucker!

Makiko Art

Süße Stick-Samtpfoten

Sind die nicht entzückend? Die gestickten Katzen-Broschen der Wiener Textil-Künstlerin Makiko sind nicht nur kleine Kunstwerke, sondern auch einzigartige Porträts. Nach Vorlage von Fotos wird die eigene Mieze in der gewünschten Form auf Stoff verewigt – bunt, eher naiv als naturalistisch und immer mit dem ganz besonderen Charakter des Tiers. Die Textur der Stickerei kommt den fein gearbeiteten Tierporträts dabei gut entgegen, gestickt wird je nach Fell flauschig, glatt oder lockig. Ein textiles Abbild der eigenen Mieze kostet etwa 50 Euro, gerahmte Stick-Porträts zum Aufhängen ein bisschen mehr.

www.makiko.at

Cafe Neko

Katzenstreicheln inkludiert

Blumenstockgasse 5
1010 Wien
Tel. (01) 512 14 66
Mo – So 10.00 – 20.00
www.cafeneko.at

In Tokio gibt es Dutzende und Wien hat auch eines: ein Katzen-Cafe! Im Lokal der Japanerin Takako leben fünf Katzen (aus dem Tierschutzheim), die man beobachten und streicheln kann. Die Einrichtung ist ein bissl spartanisch, aber gut zu reinigen, Ewssbares wird unter einer Glashaube serviert. Und wenn die Katzen genug von den Menschen haben, können sie sich ins Hinterzimmer oder auf Katzenstege in schwindelnder Höhe zurückziehen. Kater-Frühstück steht übrigens keines auf der Karte, dafür eine Streichel-Anleitung für die Kaffeehaus-Katzen – nicht alle sind für AnfängerInnen geeignet. Fauch!

Buchhandlung Leporello

Für katzenliebende Leseratten

„Man kann im Leben auf vieles verzichten, aber nicht auf Katzen und Literatur“ steht auf dem Plakat eines bekannten Verlags. Stimmt! In der (außergewöhnlich gut sortierten) Buchhandlung Leporello beim Stephansdom werden Katzenfans auf der Suche nach Lesestoff auf jeden Fall fündig. Inhaberin Rotraut Schöberl liebt nämlich Samtpfoten und hat deswegen in ihrem Laden eine eigene Miezen-Ecke eingerichtet. Und dort gibt es nicht nur Bücher vom Katzen-Ratgeber bis zum unterhaltsamen Katzen-Roman, sondern auch literarische Katzenkalender und herzige Katzen-Geschenkartikel von der Tragtasche bis zum Häferl. Sehr nett!

Singerstraße 7 /
Ecke Churhausgasse
1010 Wien
Tel. (01) 961 15 00
Mo – Fr 10.00 – 18.30
Sa 10.00 – 17.00
www.leporello.at

Marianne Musek

Herzige Tierporträts in zarten Farben

www.mariannemusek.
com

Wer sich ein wirklich süßes Bild seines tierischen Lieblings wünscht, sollte mal im Online-Portfolio von Marianne Musek stöbern. Vom klassischen Aquarell über die dynamische Tuschezeichnung bis hin zur digital bearbeiteten Bildcollage – die Wiener Illustratorin und Designerin arbeitet mit vielen verschiedenen Techniken. Und hat dabei ein ausgesprochen gutes und tierliebevolles Auge für den speziellen Ausdruck ihrer Modelle. Wer jetzt glaubt, die Miezen müssten dabei stillsitzen – keine Sorge! Marianne Musek porträtiert nach Foto-Vorlage. Eine A4-Tuschzeichnung kostet ab 180 Euro, ein Aquarell ab 280 Euro.

Pfotenfotografie & Malerei

Kunstvolle Katzen-Porträts

Bei diesen Bildern geht Tier-LiebhaberInnen so richtig das Herz auf! Harald Kreuzer fängt mit seiner Kamera die schönsten Miezen-Momente ein. Für ein Shooting können verschiedene Varianten gebucht werden, eine Kurz-Session kostet knapp 70 Euro. Am besten im eigenen Garten oder in der Wohnung – auf Studioatmosphäre stehen Miezenmodels nicht sehr. Dass vor allem bei Katzen Geduld gefragt ist, bis sie sich vor die Linse locken lassen, ist dem Fotografen natürlich bewusst. Und wer lieber ein gemaltes Bild will: Harald Kreuzers Frau Christina zeichnet Katzen naturgetreu nach Fotos – echt schön!

Tel. 0699 116 699 33
www.pfotenfotografie.at

Tanja Hofer Fotografie

Familienszenen mit Tier

Tanja Hofer ist mit Katzen aufgewachsen und hat Mauzis und Schnurrlis von Herzen gern. Das sieht man den reizenden Miezen-Bildern der Wiener Fotografin auch an. Zum Portfolio gehören außerdem beseelt-schöne Menschen- und Familien-Porträts – inklusive Katz', Hund oder Hase. Diese fotografiert sie auch gern in der Natur und knipst tierisch gute Bilder für Weihnachtskarten.

Tel. 0680 327 20 88
www.tanjahofer.com

kami-katze Cat Art

Kunterbunte Katzenkunst

Auch die Hinter(n)ansicht einer Katze kann entzücken! Eines der originellsten Bilder der beiden Wiener Hobby-Cat Artists Dani Scherner und Heinz Stuhr zeigt eine Stubentiger-Bande von hinten mit hoch erhobenen Schwänzen in fröhlich bunten Farben. Außerdem produzieren die beiden Umhängetaschen mit Miezen-Motiven und Wanduhren in Katzenkopfform oder mit Katzen-Ruten als Pendel. Lustig!

www.facebook.com/kamikatzecatart
www.etsy.com/de/shop/kamikatzecatart

SOS Katzenwerkstatt

Basteln für bedürftige Samtpfoten

Eine kreative Initiative für Notfellchen! Die Katzenwerkstatt kümmert sich jedes Jahr um hunderte Katzen, vermittelt sie auf gute Plätze oder Pflegestellen und lässt Streuner kastrieren. Weil dringend Geld für Tierarztrechnungen gebraucht wurde, entstand die Idee, dieses neben Spenden auch durch den Verkauf von selbst Gebasteltem aufzustellen. Seither wird regelmäßig von ehrenamtlichen Helferleins genäht, getischlert und gemalt. Wer die Katzenwerkstatt unterstützen will, kann selbst mitwerkeln, Bastelmaterial spenden oder die herzigen Produkte wie Holz-Bettchen, Schlüsselanhänger und Kissen kaufen.

www.soskatze.at

Katzenfeeling

Yoga nach Stubentiger-Vorbild

So geschmeidig und anmutig wie eine Katze wollen wir doch alle sein, oder? Physiotherapeutin und Yogalehrerin Nadine Petzel hat sich für ihr Katzenfeeling-Yoga von den eigenen drei Stubentigern inspirieren lassen. Wohliges Räkeln und Strecken gehört genauso zu ihrer Methode wie sanfte Asanas und QiGong-Elemente – optimal zur Stärkung von Rücken und Beckenboden. Eine Wohltat, schnurr!

Thurngasse 3/10, 1090 Wien
Tel. 0650 334 02 65
www.nadinepetzel.at

Tierwollspinnerei Pfotenoase

Katzen als Flausch-Fabrikanten

Wer sagt, dass nur Schafe und Ziegen tierisch weiche Wolle produzieren? Julia Hollaus verspinnt auch Katzenhaare zu Garnen, die tatsächlich superweich und flauschig sind. Also: Wer eine Langhaarkatze hat, kann das ausgebürstete Fell sammeln und der Pfotenoase zum Verarbeiten schicken. 50 Gramm ergeben ein Knäuel exklusive Katzenwolle Marke Eigenmieze in Naturfarbe um 50 Euro.

Wienerstraße 19, 3252 Petzenkirchen
Tel. 0660 481 49 73
www.pfotenoase.at

Performances for pets

Avantgarde-Kunst für die Katz

Echt skurril, aber ernst gemeint! Wer seiner Mieze mal für Kuscheln und Kameradschaft danken möchte, holt sich die Performance-Künstler Krõõt Juurak und Alex Bailey ins Haus. Die beiden sympathischen Tier-Liebhaber bespaßen bei einem Haus-Besuch Vierbeiner und ihre Besitzer mit einer kurzen Performance, verstecken sich dabei unter Decken oder schleichen auf allen Vieren herum. Avantgarde!

Tel. 0699 172 86 374
www.performancesforpets.net

Leschanz-Katzenzungen

Zum Vernaschen und Verschenke

Ein süßes Mitbringsel für alle Miezen-Fans! Katzenzungen gibt's ja in jedem Supermarkt, aber jene des Wiener Schokolade-Königs Leschanz sind besonders fein. Die Verpackung ist wunderbar nostalgisch, die hauchdünnen Katzenzungen handgemacht aus bester Bio-Schokolade – edelbitter oder vollmilchsüß. Ebenso köstlich: mit Nougat gefüllte Schoko-Katzen. Auch das schöne Geschäft ist sehenswert!

Freisingergasse 1, 1010 Wien
Tel. (01) 533 32 19
Mo – Fr 10.00 – 19.00, Sa 10.00 – 18.00
www.leschanz.at

Wildkatzen-Beobachten im Thayatal

Auf Pirsch im Nationalpark

Wunderschöne Waldtiger aus nächster Nähe: Um Wildkatzen einmal live zu erleben, lohnt sich ein Ausflug in den Nationalpark Thayatal. Dort können die eleganten Tiere in einem großen Gehege bei der Fütterung oder bei einer Nachtwanderung beobachtet werden. Übrigens galten Wildkatzen bei uns als ausgestorben, jetzt durchstreifen wieder einige, allerdings sehr scheue Exemplare unsere Wälder.

2082 Hardegg
Tel. (02949) 70 05-0
www.np-thayatal.at

Erwin Moser Museum Gols

Kleiner Ausflug ins Katzenland

Erwin Mosers Figuren wie der Katzenkönig Mauzenberger sind entzückend – und irgendwie rührend. Die Kunst des vielfach ausgezeichneten Kinderbuchautors und Illustrators hat 2014 im burgenländischen Gols eine ständige Heimat gefunden. Im dortigen Erwin Moser Museum sind viele seiner fantasievollen Kinderbuch-Zeichnungen und Manuskripte ausgestellt. Sehr nett, auch für große Kinder!

Hauptplatz 20, 7122 Gols
Tgl. ab 10.00. Sommer bis 19.00, Winter bis 17.00. Eintritt frei. www.erwinmoser.at

Augenmaske Luna

Erholung für müde Gucker

Wenn einem die Mieze des Nachts wieder einmal den Schlaf geraubt hat: Mit dieser süßen Maske werden müde Augen wieder munter. Das herausnehmbare Inlay ist mit Bio-Weizen gefüllt und kann gekühlt oder gewärmt werden, die Maske ist aus weichem Baumwollstoff.

www.leschi.de

Interluxe-Fußmatte

Schicke Ablage für Mäuse-Jäger

Um vor der Tür abgelegte Morgengaben der Mieze mit Humor zu sehen! Die Fußmatte ist leicht zu reinigen – für Jagdspuren-Beseitigung durchaus von Vorteil. Erhältlich sind auch Sprüche wie „Achtung, Besucher müssen von der Katze genehmigt werden!"

www.interluxe.de

Titas Katzenpolster

Samtig weiche Sofamiezen

Hergestellt werden diese originellen Katzenkissen von Tita Bonecos in Brasilien – das macht den Versand natürlich etwas schwierig. Aber die Idee ist einfach so gut, dass einige Katzen-Freundinnen jetzt vielleicht selbst die Nähmaschine schnurren lassen.

titabonecos.blogspot.co.at

Pets Rock

Celebrities mit Katzen-Konterfei

So lustig, was der britischen Firma Pets Rock da eingefallen ist! Für Produkte von der Handyhülle bis zum Notizblock werden Prominente von Michael Jackson bis zur Queen als Tiere dargestellt. Amy Winehouse und Audrey Hepburn rocken auch als Katze!

www.petsrock.co.uk

Handschuhe fürs Katzenherz

Bestrickend süße Vogelschau

Auf dem Selbermacher-Portal Etsy finden natürlich auch Katzen-Fans unendlich viele „Fan-Artikel“. Etwa diese entzückenden, kuschelweichen Woll-Handschuhe mit Katze-hat-Vogel-im-Visier-Applikation – handgefertigt in der Türkei. Piep, sind die lieb!

www.etsy.com/de/shop/talkingloves

Katzenstrumpfhose

Beine als Blickfang

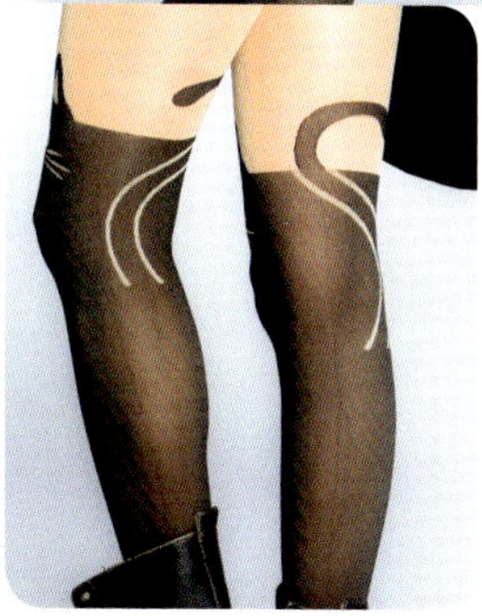

Die lustige Katzenstrumpfhose passt super zu allem, was kurz ist! Ob Rock oder Jeans-Shorts, ob Sneakers oder High Heels – die kecken Katzen am Knie sind garantiert ein Hingucker. Und sollte sich mal eine Laufmasche zeigen, ist ganz klar, wer's war!

www.marlenbillii.com

Tierarztpraxis Hirschstetten

Kapitel 6

Service rund um die Katz

Das praktische Kapitel

Viel Nützliches auf einen Blick:
Wiener Tierheime, Haustiermessen, Katzen-Foren, Tiervermittlung, Versicherungen und Bestattungsfirmen.
Plus: die wichtigsten Notfallnummern rund um die Uhr!

Tieranzeigen.at

Tausende Inserate rund ums Tier

Heimische Online-Börse für alles rund um die Katz! Unter tausenden Inseraten findet man Zubehör genauso wie eine Vermisst/Gefunden-Rubrik. Das Portal ist auch die beste Web-Adresse für seriöse, rechtskonforme Haustiervermittlung, zahlreiche behördlich geprüfte Züchter bieten hier Rassekatzen an. Unter 42 weltweit getesteten Kleinanzeigenseiten ging Tieranzeigen.at als Sieger hervor. Inserieren ist gratis!

www.tieranzeigen.at

Katze & Du

Online-Magazin für Miezen-Fans

Hui, ganz schön viel Info für Miezen-Fans! Mit dem Lesen wird man im Online-Katzenmagazin nie fertig, dafür sind hier alle Infos unter einer Adresse: Nachrichten für Katzenfans von der nächsten Katzen-Ausstellung bis zur Buch-Neuerscheinung, Artikel zu Themen rund um Haltung, Gesundheit und Pflege sowie Verzeichnisse von Züchtern, TierärztInnen und Tierbetreuungs-Agenturen.

www.katze-und-du.at

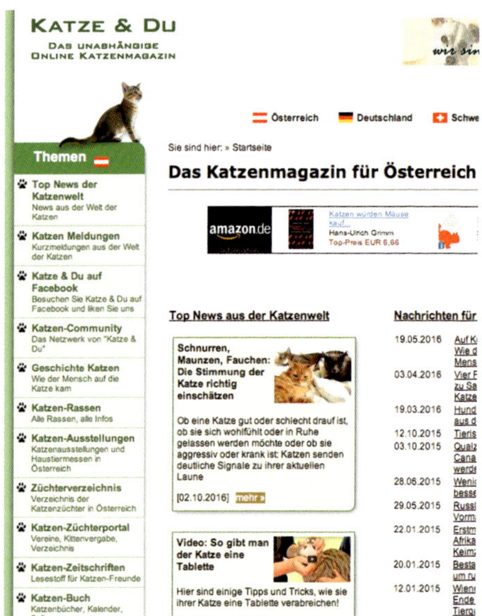

Tierarzt Austria

Erste Hilfe aus dem Netz

Eine Alternative zu Dr. Google, wenn es um einen medizinischen Notfall der eigenen Katze geht. Mit ein paar Klicks findet man hier schnell Erste Hilfe-Tipps von der Vergiftung über Atembeschwerden bis hin zum Fenstersturz. Zudem Notrufnummern von ÄrztInnen und Kliniken in der Nähe. Auch gut: eine Auflistung der medizinischen Normalwerte von Puls bis Temperatur zum Vergleich.

www.tierarzt-austria.at

Katzenforum

Fragen und Antworten rund um die Katz

Reger Erfahrungsaustausch unter Miezen-Mitbewohnerinnen: Im Katzenforum werden alle Themen rund ums Leben mit Samtpfoten diskutiert. Um selber Einträge zu machen, muss man sich registrieren, wenn man Informationen sucht, kann man auch so mitlesen. Die Threads sind nach Themen wie „Alltag mit Katzen“ oder „Ernährung“ geordnet, auf der „Pinnwand“ wird gesucht, gefunden und vermittelt.

www.katzenforum.at

Nürnberger

Tierbetreuungsversicherung

Damit die geliebte Samtpfote gut versorgt ist, wenn sich der Besitzer nach einem Unfall nicht um sie kümmern kann: Die Versicherung übernimmt Füttern, Kistl reinigen oder auch die Organisation von Tierarztbesuchen. Ab 9,90 Euro pro Jahr.

Tel. (050) 44 87
www.nuernberger.at

Vivema Katzenversicherung

Umfangreicher Rund-um-Kosten-Schutz

Die Vivema bietet verschiedene Varianten speziell für KatzenbesitzerInnen: von der reinen Operationskosten-Versicherung bis hin zum Rundum-Kosten-Schutz inklusive Vorsorge-Untersuchung und Physiotherapie. Basis-Paket ab 13,90 Euro/Monat.

Tel. 0676 507 10 22
www.vivema.at

Allianz Petplan

Kranken- und Unfallversicherung

Praktisch: Die Allianz rechnet bei freier Tierarztwahl direkt mit den TierärztInnen ab. Übernommen werden bis zu 80% der Behandlungskosten nach Unfall oder Krankheit. Der Abschluss ist bis zum vollendeten 6. Lebensjahr möglich, Kosten ab 14 Euro/Monat.

Tel. (05) 900 990 01
www.allianz.at

Agila Haustierversicherung

Kranken- und Operationskostenschutz

Zur Auswahl bei der Agila steht entweder ein kompletter Tierkrankenschutz mit Übernahme der Behandlungskosten bei Krankheiten und Operationen oder ein reiner OP-Kostenschutz. Abrechnung direkt mit Tierarzt oder Tierklinik. Ab 13,90/Monat.

Tel. (00800) 712 803 45
www.agila.de

Wüstenrot Vierbeiner-Vorsorge

Versicherung für verwaiste Tiere

Sollte ein Tier durch den Tod seines Besitzers plötzlich alleine dastehen, kommt es durch Abschluss dieser Versicherung unter den Schutz von Gut Aiderbichl und erhält dort auch ein Platzerl. Der Abschluss ist bis zum 70. Lebensjahr des Halters möglich.

Tel. (05) 70 70 807
www.wuestenrot.at

Helvetia PetCare

Krankenversicherung ohne Altersgrenze

Auch betagte Katzen nimmt die Helvetia unter Vertrag, allerdings nach Gesundheitsprüfung. Gedeckt sind je nach Tarif 80 Prozent der Kranken- und/oder Operationskosten bei freier Tierarzt- und Klinikwahl. Basistarif ab 13,90 Euro/Monat. Mehrtier-Rabatt!

Tel. (050) 222 22 00
www.helvetia.com

EVENTS

PetExpo

Die faire Messe für Katze, Hund & Co

Lebende Tiere als Ausstellungsstücke findet man auf der PetExpo in der Stadthalle keine, dafür ausschließlich tierschutzgerecht ausgewähltes Zubehör. Außerdem ein interessantes Vortrags-Programm, bei dem auch Katzen-Themen nicht zu kurz kommen.

Im Frühjahr
Stadthalle
Roland Rainer Platz 1
1150 Wien
www.petexpo.at

Haustiermesse Wien

Über 150 Aussteller rund ums Tier

Wiens größte Veranstaltung für Haustier-Besitzer! Bei der Katzenausstellung können hunderte preisverdächtig schöne Miezen bewundert werden, außerdem finden Samtpfoten-Fans in der Marx-Halle eine große Auswahl an Futter und Zubehör.

Im Frühjahr
Marx Halle
Karl-Farkas-Gasse 19
1030 Wien
www.haustiermesse.info

Haustier aktuell

Erlebnismesse für Tierfans

Da tut sich was! Neben Zubehör und Rasse-Tierschauen bietet die Messe auch jede Menge Unterhaltung für Tier-Fans. Bei Vorführungen und Shows stehen nicht nur schnurrende Schönheitsköniginnen, sondern auch Esel und Lamas im Rampenlicht.

Im Herbst
Rudolf Diesel-Straße 30
2700 Wiener Neustadt
www.arenanova.com

TierQuarTier Wien

Heim für herrenlose Vierbeiner

Süßenbrunner Straße 101
1220 Wien
Tel. (01) 734 11 020
Di – Do 15.00 – 17.00
Fr + Sa 13.00 – 17.00
jeden 1. Do im Monat bis 19.00
www.tierquartier.at

Wer hierher kommt, wird sich schwer tun, ohne neuen tierischen Mitbewohner nachhause zu gehen! Das Wiener TierQuarTier, seit 2015 in der Donaustadt angesiedelt, bietet herrenlosen, entlaufenen oder beschlagnahmten Tieren ein vorübergehendes Zuhause – darunter auch hunderten Miezen. Wenn man plant, eine Katze zu sich zu nehmen, kann man sich vorab online die Profile der Vergabetiere ansehen. Vor Ort wird man dann bei der Auswahl eines passenden Tieres fachkundig beraten. Der Unkostenbeitrag für eine (geimpfte) Katze ist 100 Euro, für nicht kastrierte Tiere gibt's einen Kastrationsgutschein dazu.

Katzenheim Freudenau

Pflegeplätze im Grünen

Einige hundert Katzen hoffen im Heim des ältesten österreichischen Katzenschutzvereins auf ein gutes Platzerl. Vergeben werden die herrenlosen Miezen nach telefonischer Vereinbarung. Unangemeldete Besuche sind nur am Sonntag möglich und können aufgrund der Lage gut mit einem Spaziergang im Grünen verbunden werden! Alle Tiere sind bereits geimpft, kastriert und ab ca. 90 Euro zu haben.

Freudenau 69, 1020 Wien
Tel. (01) 728 95 67
So 14.00 – 17.00
www.katzenheim-freudenau.at

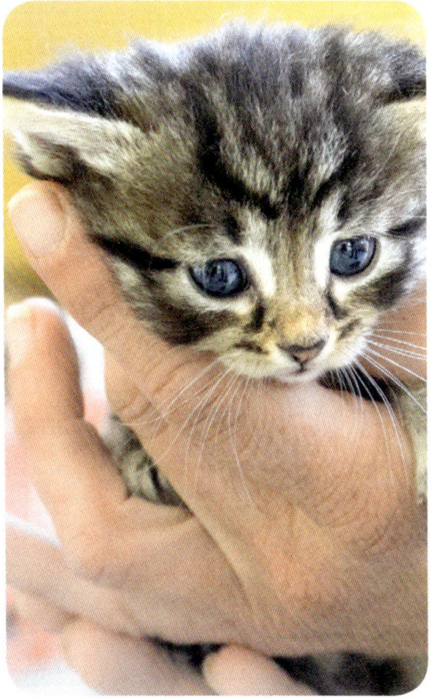

Wiener Tierschutzhaus

Pfoten-Hilfe im Süden Wiens

Der Wiener Tierschutzverein unter Madeleine Petrovic beherbergt an die tausend tierische Schützlinge, vom Wildtier in Not bis zum ausgesetzten Exoten. Darunter sind auch viele Katzen, die ein neues Zuhause suchen. Aktuelle Fotos und liebevolle Beschreibungen der Schützlinge schaut man sich am besten auf der Facebook-Seite an. Schutzgebühr für Katzen: 165 Euro, Kater 135 Euro.

Triester Straße 8, 2331 Vösendorf
Tel. (01) 699 24 50, Mi – So 13.30 – 17.00
www.wiener-tierschutzverein.org

Tierheim Brunn

Kleine Vierbeiner-Oase

Das sympathische und eher kleine Tierheim in Brunn ist neben einer Not-Herberge für Vierbeiner auch ein Gnadenhof – mit Freigelände für Bauernhoftiere von Esel bis Hängebauchschwein. Katzen von Kitten bis Senior werden ab ca. 110 Euro pro Tier abgegeben.

Wolfholzgasse 12
2345 Brunn am Gebirge
Tel. (02236) 311 03,
(0676) 720 40 17
Mi – Sa 14.00 – 17.00
www.tierheim-brunn.at

Haus der Katzenfreunde

Notfellchen und Patenkatzen

Die Kastration der vielen Wiener Streunerkatzen ist eines der Hauptanliegen des Katzenfreunde-Vereins. Im eigenen Katzenheim in Liesing werden Notfellchen vorübergehend aufgenommen, dort kann man auch die Vergabetiere besichtigen. Auch möglich: Patenschaften!

Dirmhirngasse 50-52
1230 Wien
Tel. (01) 888 26 46
Mi – So 11.00 – 12.00
www.katzenfreunde.at

2ndChance 4Cats

Pfotenhilfe von Privat

Entstanden aus einem Zusammenschluss privater Pflegestellen, sucht der Mödlinger Verein gemeinsam Kuschelplätze für Stubentiger. Dabei wird sehr darauf geachtet, dass das Platzerl gut passt, in Einzelhaltung werden Katzen nur in Ausnahmefällen vergeben.

www.2ndchance4cats.at

Tierbestattung Stadt Wien

Tierfriedhof und Tierkrematorium

Wenn die geliebte Samtpfote stirbt, gibt es mehrere Wege zur letzten Ruhe. Entweder man beerdigt sie selbst – was allerdings nur auf eigenem Grund erlaubt ist! –, lässt sie abholen oder wendet sich an eine Tierbestattung. Am Tierfriedhof Wien, auf einem parkähnlichen Gelände unmittelbar neben dem Zentralfriedhof, kann man seine Katze in einem Erdgrab oder in einer Urnenwand beisetzen lassen. Das Wiener Tierkrematorium wiederum befindet sich beim Alberner Hafen. Für Grab oder Urnenplatz ist ein Jahresbeitrag zu zahlen, die Abholung des verstorbenen Tieres, Grabgestaltung und -pflege kosten extra.

Tierfriedhof:
Anton-Mayer-Gasse 5
1110 Wien
www.tfwien.at

Tierkrematorium:
Alberner Hafenzufahrtsstraße 8
1110 Wien
www.wtk.at

Tel. (01) 523 46 79
(Abholung von 0.00 – 24.00 Uhr)

ebswien

Kostenlose Abholung toter Tiere

Gratis Service, freundlich und pietätvoll: Von der Firma ebs werden tote Tiere jederzeit und ohne Kosten für den Tierbesitzer von Zuhause abgeholt. Falls vorhanden, legt man die verstorbene Katze dazu am besten in einen Karton. Die ebs-Mitarbeiter sind täglich in ganz Wien unterwegs und kommen verlässlich binnen 24 Stunden, um den verstorbenen Liebling bei einer ihrer Sammeltouren mitzunehmen. Man kann das Tier auch selbst hinbringen, außerhalb der Öffnungszeiten stehen dort im Eingangsbereich entsprechende Einrichtungen zur Verfügung.

Alberner Hafen-
zufahrtsstraße 8
1110 Wien
Tel. (01) 767 61 76
Mo – Do 7.30 – 16.00
Fr 7.00 – 13.00 Uhr
www.ebswien.at

antares Tierbestattungen

Letzte Ruhe im Himmelgarten

Ein Grab im Grünen: Der Friedhof der Wiener Bestattungsfirma antares liegt in Mönichkirchen. Miezen werden dort auf der Katzenwiese im grünen „Himmelgarten" beerdigt. Abgeholt wird das verstorbene Tier in Wien jederzeit vom Tierarzt oder von Zuhause, eine Verabschiedung ist auch im „Raum der Stille" des Instituts möglich. Auch Kremierungen werden angeboten.

Stadlauer Straße 38, 1220 Wien
Tel. 0664 230 62 84 (0.00 – 24.00 Uhr)
Tierfriedhof:
Unterhöfen 92, 2872 Mönichkirchen
www.tierbestattungen.at

Anima Tierbestattung

Würdevolle Waldesruh

Der älteste Tierfriedhof Österreichs ist so idyllisch wie sein Name: „Waldesruh" liegt auf einer ruhigen Lichtung unweit von Wien. Wer sein Tier dort beerdigen lässt, erhält einen eigenen Schlüssel, Zutritt zum Gelände haben nur GrabbesitzerInnen. Weil der Friedhof eine Einrichtung des österreichischen Tierschutzvereins ist, wird die Grabmiete an bedürftige Vierbeiner gespendet.

Berlagasse 36, 1210 Wien
Tel. 0664 101 75 22 (0.00 – 24.00 Uhr)
Tierfriedhof: 2011 Sierndorf
www.wienertierfriedhof.at

NOTRUF-NUMMERN

Im Notfall von 00.00 bis 24.00 Uhr erreichbar

Wiener Tier-Helpline

Tel. (01) 4000-8060

Wenn man eine Katze gefunden hat: Hier können Fundtiere und verletzte Wildtiere gemeldet werden, damit diese von der Tierrettung abgeholt werden. Außerdem werden hier Tierschutz-Anzeigen entgegen genommen und Fragen zum Thema Tierhaltung und Tiergesundheit beantwortet.

WTV-Tierhotline

Tel. (01) 699 24 80

Wenn man Fragen zu einer tierischen Notsituation hat: Unter dieser Nummer beraten Mitarbeiter und ehrenamtliche Mitglieder des Wiener Tierschutzvereins und helfen bei begleitenden Maßnahmen wie den nächsten Tierarzt zu finden oder ein gefundenes Tier ins Tierheim zu bringen.

Tiernotambulanz

Tel. 0676 966 78 90

Wenn der Haustierarzt nicht erreichbar ist: Die Tiernotambulanz in Vösendorf ist wochentags von 20.00 bis 8.00 Uhr und an Feiertagen und Wochenenden von 0.00 bis 24.00 Uhr erreichbar. Der Haustierarzt erhält für die Nachbehandlung sämtliche Befunde und eine Rücküberweisung.

Nottierarzt

Tel. 0699 100 00 565

Wenn schnell ein Tierarzt ins Haus muss: Unter dieser Nummer erreicht man immer einen Nottierarzt, der dann binnen kurzer Zeit zu einem nach Hause kommt – wenn es sein muss, auch mit Blaulicht. Je nach Ermessen wird das Tier vor Ort behandelt oder in eine Ordination gebracht.

Tierklinik Breitensee

Tel. (01) 982 53 81

Wenn die Katze einen Unfall hatte oder plötzlich schwer krank ist: Die Tierklinik Breitensee kann rund um die Uhr kontaktiert und angefahren werden. Am besten trotzdem vorher anrufen, damit vor Ort im OP schon alles vorbereitet und eventuell Spezialisten hinzugerufen werden können.

Vergiftungszentrale

Tel. (01) 406 43 43

Wenn man glaubt, dass eine Katze etwas Giftiges gefressen hat: Die Vergiftungszentrale kann auch bei tierischen Fragen angerufen werden. Dort erhält man Auskunft darüber, ob Gefahr für das Tier besteht und wie man im Vergiftungsfall am besten handelt.

Alle Informationen wurden gründlich geprüft. Dennoch können sich Öffnungszeiten ändern oder sonstige Änderungen eintreten. Trotz sorgfältiger Bearbeitung kann keine Haftung für die Richtigkeit oder Vollständigkeit des Inhaltes durch die Autorin, den Verlag und seine MitarbeiterInnen übernommen werden.

ISBN 978-3-903070-02-8

Bildnachweis: Alle Bildrechte liegen bei der StadtSpionin bzw. Shop-Besitzern, Herstellern, Tierärzten, Vereinen und Firmen. Außer: S. 7 und 115: Anja Gasser, S. 10: Tanja Hofer Fotografie, S. 26 rechts: Trixie, S. 31: Lovely Photo Moments, S. 44 oben: Felinest/CC, S. 51 oben: Anders B. Knudsen/CC, S. 53 oben: Michael Bernkopf, S. 75 oben: Ivan Komarov/CC, S. 77 rechts: Heidi Smolka, S. 87: Gadjo Niglo/CC, S. 88 unten: A. Haykal/CC, S. 89: Moyan Brenn/CC, S. 92 unten: Wiener Tierschutzverein, S. 97: Run The Jewels, S. 98: Maik Perfahl, S. 107 oben: Erich Malter, S. 116: Ines Hofbaur, S. 117: Gut Aiderbichl, S. 120: PID.

Die StadtSpionin dankt Sigrid Gerl und Katharina Karl.

Art Direction, Layout, Production: vienna121@me.com

Druck: Alföldi, Debrecen
Printed in the EU

Wundergarten Verlag
Sabine Maier
Phorusgasse 7
1040 Wien
www.wundergarten.at